高等职业院校基于工作过程项目式系列教材
企业级卓越人才培养解决方案"十三五"规划教材

Docker 虚拟化技术入门与实战

天津滨海迅腾科技集团有限公司　编著

图书在版编目(CIP)数据

Docker虚拟化技术入门与实战 / 天津滨海迅腾科技集团有限公司编著. —天津：天津大学出版社，2019.8（2023.1重印）

高等职业院校基于工作过程项目式系列教材 企业级卓越人才培养解决方案"十三五"规划教材

ISBN 978-7-5618-6475-3

Ⅰ.①D… Ⅱ.①天… Ⅲ.①Linux操作系统—程序设计—高等职业教育—教材 Ⅳ.①TP316.85

中国版本图书馆CIP数据核字(2019)第165534号

出版发行	天津大学出版社
地　　址	天津市卫津路92号天津大学内(邮编:300072)
电　　话	发行部:022-27403647
网　　址	www.tjupress.com.cn
印　　刷	廊坊市海涛印刷有限公司
经　　销	全国各地新华书店
开　　本	185mm×260mm
印　　张	15.75
字　　数	406千
版　　次	2019年8月第1版
印　　次	2023年1月第2次
定　　价	59.00元

凡购本书，如有缺页、倒页、脱页等质量问题，烦请与我社发行部门联系调换
版权所有　　侵权必究

高等职业院校基于工作过程项目式系列教材
企业级卓越人才培养解决方案"十三五"规划教材

指导专家

周凤华	教育部职业技术教育中心研究所
姚　明	工业和信息化部教育与考试中心
陆春阳	全国电子商务职业教育教学指导委员会
李　伟	中国科学院计算技术研究所
许世杰	中国职业技术教育网
窦高其	中国地质大学（北京）
张齐勋	北京大学软件与微电子学院
顾军华	河北工业大学人工智能与数据科学学院
耿　洁	天津市教育科学研究院
周　鹏	天津市工业和信息化研究院
魏建国	天津大学计算与智能学部
潘海生	天津大学教育学院
杨　勇	天津职业技术师范大学
王新强	天津中德应用技术大学
杜树宇	山东铝业职业学院
张　晖	山东药品食品职业学院
郭　潇	曙光信息产业股份有限公司
张建国	人瑞人才科技控股有限公司
邵荣强	天津滨海迅腾科技集团有限公司

基于工作过程项目式教程
《Docker 虚拟化技术入门与实战》

主　编	贺甲宁　窦珍珍
副主编	王小花　丁银军　许先胜　王希军
	牛文峰　孙继荣

前　言

随着互联网应用的不断增多，给前期开发和后期维护带来了极大的困难，Docker容器技术的出现使得这一现状有了本质性的改变，其通过容器的可移植性能够在任何地方运行编写完成的代码，从开发者工作站到著名的云计算提供商，使程序的开发、测试和部署更加便捷。

本书从不同的视角对Docker的特点和结构、Docker开发中常用的镜像和容器操作以及典型的项目案例进行介绍，涉及Docker的各个方面，主要包含镜像的拉取和构建、容器的创建、镜像仓库的搭建以及Docker工具的使用等，让读者全面、深入、透彻地理解Docker开发的各种操作命令和相关工具的使用，提高实际开发水平和项目能力。

本书主要涉及八个项目，即Docker准备之环境搭建、Docker基础之应用程序构建、Docker基础之容器互联、Docker升级之仓库搭建、Docker升级之镜像构建、Docker强化之高级应用程序构建、Docker强化之集群搭建、Docker部署之项目发布，按照由浅入深的思路对知识体系进行编排，从环境的搭建、基础操作、自定义操作、相关工具的使用以及项目的部署发布对知识点进行讲解。

本书结构条理清晰、内容详细，每个项目都通过学习目标、学习路径、任务描述、任务技能、任务实施、任务总结、英语角和任务习题八个模块进行相应知识的讲解。其中，学习目标和学习路径模块对本项目包含的知识点进行简述，任务实施模块对本项目中的案例进行步骤化的讲解，任务总结模块作为最后陈述，对使用的技术和注意事项进行总结，英语角解释本项目中的专业术语的含义，使学生全面掌握所讲内容。

本书由贺甲宁、窦珍珍担任主编，王小花、丁银军、许先胜、王希军、牛文峰、孙继荣担任副主编，贺甲宁和窦珍珍负责整书的编排，项目一和项目二由王小花、丁银军负责编写，项目三和项目四由许先胜、王希军负责编写，项目五和项目六由牛文峰、孙继荣负责编写，项目七和项目八由丁银军和牛文峰负责编写。

本书理论内容简明、扼要，实例操作讲解细致，步骤清晰，实现了理实结合，操作步骤后有对应的效果图，便于读者直观、清晰地看到操作效果，牢记书中的操作步骤。希望本书使读者对Docker虚拟化技术相关知识的学习过程更加顺利。

天津滨海迅腾科技集团有限公司
2019年8月

目　录

项目一　Docker 准备之环境搭建 ·· 1
  学习目标 ··· 1
  学习路径 ··· 1
  任务描述 ··· 2
  任务技能 ··· 3
  任务实施 ·· 23
  任务总结 ·· 27
  英语角 ·· 27
  任务习题 ·· 27

项目二　Docker 基础之应用程序构建 ·· 28
  学习目标 ·· 28
  学习路径 ·· 28
  任务描述 ·· 29
  任务技能 ·· 30
  任务实施 ·· 53
  任务总结 ·· 56
  英语角 ·· 56
  任务习题 ·· 57

项目三　Docker 基础之容器互联 ·· 58
  学习目标 ·· 58
  学习路径 ·· 58
  任务描述 ·· 59
  任务技能 ·· 60
  任务实施 ·· 88
  任务总结 ·· 91
  英语角 ·· 91
  任务习题 ·· 91

项目四　Docker 升级之仓库搭建 ·· 92
  学习目标 ·· 92
  学习路径 ·· 92
  任务描述 ·· 93
  任务技能 ·· 94
  任务实施 ·· 111

任务总结	114
英语角	114
任务习题	114

项目五　Docker 升级之镜像构建　116

学习目标	116
学习路径	116
任务描述	117
任务技能	118
任务实施	142
任务总结	145
英语角	146
任务习题	146

项目六　Docker 强化之高级应用程序构建　147

学习目标	147
学习路径	147
任务描述	148
任务技能	149
任务实施	171
任务总结	178
英语角	178
任务习题	178

项目七　Docker 强化之集群搭建　180

学习目标	180
学习路径	180
任务描述	181
任务技能	182
任务实施	209
任务总结	215
英语角	216
任务习题	216

项目八　Docker 部署之项目发布　217

学习目标	217
学习路径	217
任务描述	218
任务技能	219
任务实施	240
任务总结	245
英语角	245
任务习题	245

项目一 Docker 准备之环境搭建

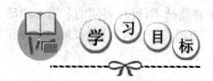

通过实现在 CentOS 中搭建 Docker 环境，了解 Docker 及虚拟化的相关知识，熟悉脚本安装 Docker 环境的方式，掌握在 Windows 中 Docker 的安装，具有在任意环境下搭建 Docker 环境的能力，在任务实现过程中：

- ➤ 了解 Docker 和虚拟化的相关概念；
- ➤ 熟悉 Docker 环境的脚本安装方式；
- ➤ 掌握 Docker 在 Windows 中的安装；
- ➤ 具有搭建 Docker 环境的能力。

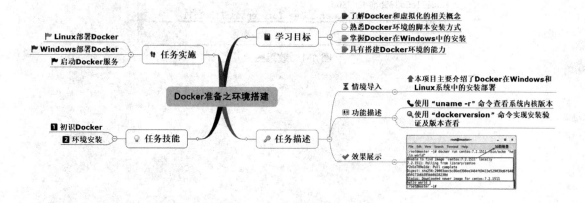

【情境导入】

在这个互联网高速发展的时代,不断增加的应用需求加剧了硬件资源的消耗,Docker 容器技术的出现彻底改变了这一现状,通过使用 Docker 容器技术,硬件资源的利用率和研发效率得到了有效提高。本项目通过对搭建 Docker 环境的相关操作进行讲解,最终实现在 CentOS 中搭建 Docker 环境。

【功能描述】

> 使用"uname -r"命令查看系统内核版本;
> 使用"docker version"命令实现安装验证及版本查看。

【效果展示】

通过对本任务的学习,能够在 CentOS 环境中实现 Docker 的安装。当本地未加载镜像时,默认从 Docker 官方仓库加载,效果如图 1-1 所示。

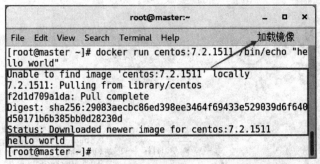

图 1-1 效果图

技能点一　初识 Docker

随着互联网的飞速发展，虚拟化技术具有广阔的发展空间，被广泛应用于各种关键场景中。从最开始 IBM 推出的主机虚拟化，到后来的 VMware、KVM 等虚拟机虚拟化，一直到目前的以 Docker 为代表的容器技术，可以说，虚拟化技术不仅仅是应用场景在变化，技术自身也在不断地创新、突破。

1. 虚拟化技术

虚拟化技术是一个通用的概念，在不同的领域有不同的含义，在计算机领域，一般指计算机虚拟化或服务器虚拟化。虚拟化是一种资源管理技术，可以将计算机的各种实体资源（如服务器、网络、内存及存储等）抽象化，打破结构之间的未切割障碍，允许用户更好地应用这些资源。

虚拟化包含硬件虚拟化、操作系统虚拟化等，其中：硬件虚拟化是对计算机的虚拟，能够将真实的计算机硬件隐藏并显示出一个抽象计算平台；操作系统虚拟化（也称容器化）是操作系统自身的一个特性，允许存在多个隔离的用户空间实例。

操作系统虚拟化从外部来看与在硬件虚拟化的虚拟机上安装的操作系统相同，产生了多个操作系统，但与硬件虚拟化相比，操作系统虚拟化更加全面、强大，并可以充分利用操作系统自身的机制和特性，实现更为轻量级的虚拟化设置。操作系统虚拟化和硬件虚拟化的区别如下。

①操作系统虚拟化使用原始系统作为模板虚拟出原始系统的副本，硬件虚拟化虚拟硬件环境，然后在这个虚拟的硬件环境中安装系统。

②操作系统虚拟化虚拟的系统只能是物理操作系统的副本，硬件虚拟化虚拟的系统可以是不同的系统，如 Linux、Windows 等。

③操作系统虚拟化的系统是虚拟的，性能损耗低；硬件虚拟化的系统是安装在硬件虚拟层上的操作系统，性能损耗高。

硬件虚拟化的代表技术是虚拟机虚拟化技术，也可以说是传统的虚拟化方式，Docker 容器技术则是操作系统虚拟化的代表技术。

扫描下面的二维码可了解更多虚拟化的相关知识。

通过对Docker的学习初次了解到虚拟化，通过扫描右侧二维码即可了解更多虚拟化知识。

2. 什么是 Docker

Docker 是一个基于 Go 语言实现的，用于开发、迁移、运行的开源项目，由 Dotcloud 公司于 2013 年正式提出。使用 Docker，开发者可以快速开发、测试，提高了代码编写和程序运行的效率，并通过对应用组件的封装、部署、运行等生命周期管理，实现应用组件"一次封装，到处运行"的效果。这里的应用组件，既可以是 Web 应用或者编译环境，也可以是数据库平台服务，还可以是操作系统或集群。

目前，各个主流的 Linux 操作系统都支持 Docker，如 CentOS 7 以上的操作系统、Ubuntu 14.04 以上的版本等。Docker 的出现给开发人员带来了很多便利，列举如下。

①相较于其他启动方式，Docker 由于具有简单轻量的组建方式，能够实现毫秒级的启动。

②在整个项目后期的维护中，实现了职责分离，开发人员针对容器中运行的程序，运维人员针对容器的运行情况。

③能够实现快速、高效的项目开发，缩短开发周期，并且使开发环境具有可移植性，节省了环境调试时间。

④在 Docker 中，一个容器运行一个应用程序、进程，解决了不同的服务之间互相影响的问题，体现了高内聚、低耦合的思想。

作为一种新兴的虚拟化方式，Docker 容器技术与传统的虚拟化方式相比具有众多优势。

（1）更加轻量级

传统方式的虚拟化是硬件级别的虚拟化，需要其他虚拟机管理应用程序和虚拟机操作系统层，Docker 容器在操作系统级别进行虚拟化，直接复用本地主机的操作系统，更轻量。Docker 容器架构与传统的虚拟化架构分别如图 1-2 和图 1-3 所示。

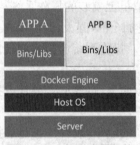

图 1-2　Docker 容器架构

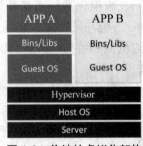

图 1-3　传统的虚拟化架构

（2）可以更高效地利用系统资源

Docker 容器运行应用程序时，基本上没有额外的系统资源消耗。与传统的虚拟化技术运行 10 个不同的应用程序需要开启 10 个虚拟机不同，Docker 只需要启动 10 个独立的应用程序。因此，对一个配置相同的主机，Docker 能够运行更多的应用程序，对系统资源的利用率更高，而且无论是应用的执行、文件的存储，还是在减少内存损耗方面，都比传统的虚拟化技术更高效。

（3）可以更快速地启动

传统的虚拟化技术启动一个应用程序需要数分钟，而 Docker 容器直接运行在宿主内核,不需要启动完整的操作系统,可以在几秒内启动,从而节省开发、测试和部署的时间。

(4)运行环境一致

在开发项目时,可能出现开发环境、测试环境、生产环境不一致的问题,从而导致项目出现一些在开发时未被发现的错误。而 Docker 中存在的镜像提供了项目运行时的完整环境,很好地解决了环境一致性问题。

(5)可以更快速地交付和部署

项目开发人员和后期运维人员都非常希望项目可以一次创建或配置就能够正常运行在任何地方。使用 Docker 可以完美地实现这一想法,开发人员可以通过 Docker 镜像构建开发容器,然后运维人员可以使用此容器来部署项目。

(6)可以更轻松地迁移和扩展

Docker 容器几乎可以在任何平台上运行,包括虚拟机、私有云、公有云、物理机、服务器、个人电脑等。其兼容性允许用户将应用程序从一个平台直接迁移到另一个平台。

Docker 除了具有以上几个主要优势外,与传统虚拟化相比,它们也有相同点以及各自的优缺点。Docker 容器与传统的虚拟机的对比如表 1-1 所示。

表 1-1　Docker 容器与传统虚拟机的对比

	Docker 容器	传统的虚拟机
相同点	都可以在不同的主机之间迁移; 都具有 root 权限; 都可以实现远程控制; 都有备份、回滚操作	
操作系统	在性能上有优势,能够轻松地同时运行多个操作系统	可以安装任何操作系统,性能不及 Docker 容器
优点	更为高效、集中。一个硬件节点可以运行数以百计的容器,非常节省资源;会尽量满足但不保证一定满足 QoS(服务质量),内核由提供者升级,服务由服务器的提供者管理	对操作系统具有绝对权限,对系统版本和升级具有完全管理权限。具有一整套资源,即 CPU、RAM(随机存取存储器)和磁盘。QoS 是有保证的。每一个操作虚拟机都像一个真实的物理机一样,不同的操作系统可以同时运行在同一个物理节点上
资源管理	有弹性的资源分配:资源可以在没有关闭容器的情况下添加,数据卷也无须重新分配大小(有些服务的容器需要重启)	虚拟机需要重启,虚拟机里的操作系统需要处理新加入的资源,例如添加一块磁盘,则需要重新分区等
远程管理	根据操作系统的不同,通过 shell 或者远程桌面进行,前提是容器内的操作系统已经启动	远程控制由虚拟化平台提供,可以在虚拟机启动之前连接,所以可以安装系统
缺点	对内核没有控制权限,只有容器的提供者具有升级权限。只有一个内核运行在物理节点上,几乎不能实现不同的操作系统混合。容器的提供者一般仅提供少数几款操作系统	每一台虚拟机具有更大的负载,耗费更多的资源。一台物理机上能够运行的虚拟机非常有限
配置	快速,秒级即可准备好,由容器的提供者处理	配置时间长,从几分钟到几小时不等,具体取决于操作系统,需要自行安装操作系统

续表

	Docker 容器	传统的虚拟机
硬盘使用	兆字节级	吉字节级
性能	接近原生态	弱于原生态

3. Docker 架构

Docker 采用了 C/S（即客户端—服务器）架构模式。该架构模式通过合理分配客户端和服务器的任务，降低了通信产生的开销，但需要安装客户端才能实现管理操作。Docker 的 C/S 架构模式如图 1-4 所示。

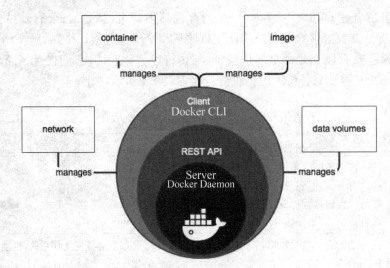

图 1-4　Docker 的 C/S 架构模式

由图 1-4 可知，Docker 主要由以下三个部分组成。

①服务器：用来运行 Docker Daemon 进程，能够接收来自客户端的消息，管理镜像、容器、网络、数据卷等 Docker 对象。

②REST 接口：主要用于与 Docker Daemon 交互。

③客户端：能够通过 REST API 接口访问 Docker Daemon。

Docker 项目运行时，上面三个部分紧密配合进行工作，具体运行结构如图 1-5 所示。在 Client 中，存储 Docker 的相关命令；在 Registry 中，存储 Docker 的相关镜像，供 DOCKER_HOST 使用；在 DOCKER_HOST 中，管理镜像和容器，通过 Client 中的命令从 Registry 中获取镜像之后通过相关命令实现容器的创建。

4. Docker 应用案例

Docker 在不同方面的应用简要说明如下。

（1）Padis

Padis（Pingan Distribution）是平安科技（深圳）有限公司开发的一款基于 Docker 的分布式平台，不仅能够实现应用的快速构建，而且能够实现集群与外部的通信，还可以根据容器的变化实现平台的负载均衡。Padis 平台如图 1-6 所示。

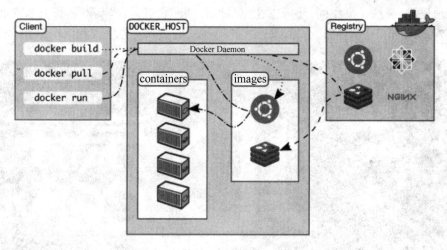

图 1-5 运行结构

图 1-6 Padis 平台

（2）京东

弹性计算云项目是京东基于 Docker 开发的具有系统伸缩能力的项目，不仅能够高效地自动管理资源，弹性扩展空间，还可以在流量低谷期回收资源，提高资源利用率。京东页面如图1-7所示。

图1-7　京东页面

（3）阿里

阿里通过将Docker技术与T4（基于Linux Container开发的容器技术基础设施）融合的方式，打造了一个名为AliDocker的技术，并在之后将"双十一"使用的所有核心应用升级为Docker应用，保证了"双十一"活动当天平台的稳定。"双十一"活动页面如图1-8所示。

图1-8　"双十一"活动页面

5. Docker现状

随着越来越多的公司转向DevOps（过程、方法和系统的统称，以促进开发、技术运营和质量保障部门之间的沟通、协作与整合）和微服务模型，容器技术得以应用在各个项目中。需求量的增加提高了容器技术的更新速率，Docker容器生态系统也处于巨大的发展变化中。

(1)使用容器服务的互联网企业数量增长迅猛

与虚拟化技术和云计算技术相比,Docker 耗时更短,而且完成得更好。目前,10% 的互联网公司在生产环境中使用容器服务,这个数字比之前增长了 3 倍。

(2)寻求成本和效率问题的解决方案成为使用容器服务的主要动力

对大多数互联网企业,解决成本和效率问题成为其使用 Docker 容器服务的主要目的。Docker 容器服务不仅能够解决成本和效率问题,还可以解决资源利用等问题。Docker 容器服务能够解决的问题如图 1-9 所示。

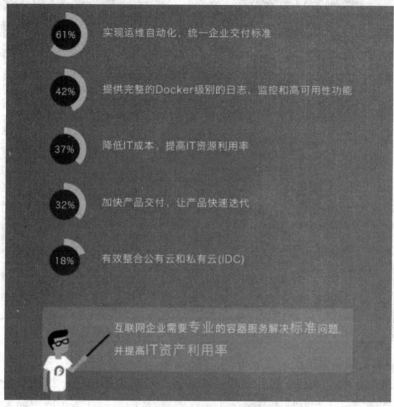

图 1-9　Docker 容器服务能够解决的问题

(3)Docker 的使用是开发团队和运维团队协作努力的结果

DevOps 的最佳实践是通过 Docker 和容器服务组合实现的,DevOps 通过开发团队和运维团队协同工作获得最佳结果。Docker 的使用情况如图 1-10 所示。

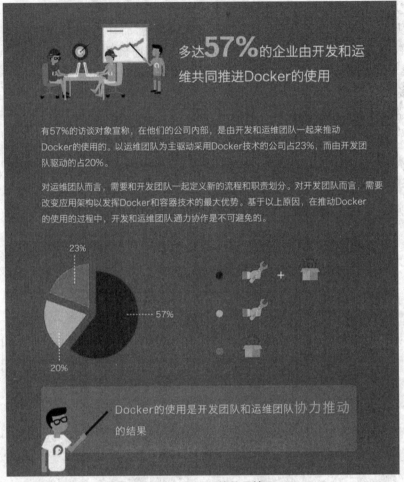

图 1-10 Docker 的使用情况

（4）容器服务的使用推动企业成长

在互联网企业中，Docker 容器服务扮演着越来越重要的角色。互联网企业通过使用 Docker 容器服务降低了开发成本并提高了工作效率，从而可以在多个应用场景上加大开发投入。在互联网这个竞争激烈的行业中，企业将投入更多资源发展核心业务。

扫描下面的二维码可了解更多 Docker 发展史。

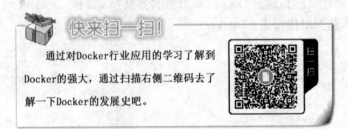

技能点二　环境安装

现在比较流行的操作系统，如 Linux、Mac、Windows 等，都支持 Docker 的安装，其中 Linux 系统有两种方法可以安装 Docker：一种是执行脚本文件安装，另一种是在命令窗口中通过 yum 安装。

1. 通过脚本在 CentOS 中安装 Docker

在命令窗口中通过命令安装 Docker 比较烦琐，为了简化 Docker 的安装流程，Docker 官方提供了一套脚本用于 Docker 的安装。使用脚本安装 Docker 的步骤如下。

第一步，检查内核版本。目前 Docker 最低支持 CentOS 7，需要安装在 64 位的平台上并且内核版本需要高于 3.10。检查内核版本的命令如下所示。

```
// 检查内核版本
uname -r
```

效果如图 1-11 所示。

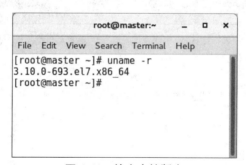

图 1-11　检查内核版本

第二步，使用脚本自动安装 Docker。脚本运行之后，会自动将 Docker 依赖环境配置完成，并在系统中进行 Docker 的安装。由于 Docker 的软件源在国外，下载时会有延迟，很可能因为网络环境导致下载错误。为避免发生错误，可以使用国内的软件源镜像安装，如使用阿里云安装或者使用 DaoCloud 安装。上述三种安装方式的命令如下所示。

```
// 使用脚本自动安装 Docker
curl -sSL https://get.docker.com/ | sh
// 使用阿里云安装 Docker
curl -sSL http://acs-public-mirror.oss-cn-hangzhou.aliyuncs.com/docker-engine/internet | sh
// 使用 DaoCloud 安装 Docker
curl -sSL https://get.daocloud.io/docker | sh
```

使用脚本自动安装 Docker 的效果如图 1-12 所示。

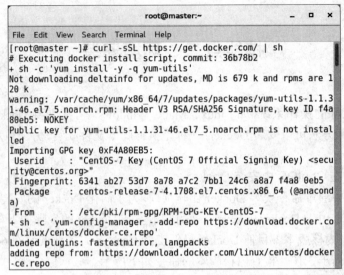

图 1-12 使用脚本自动安装 Docker

安装完成后,可以通过查看 Docker 版本号来确定 Docker 是否安装成功,正确显示版本号即代表安装成功,反之则代表安装失败。查看 Docker 版本号的命令如下所示。

```
docker --version
```

效果如图 1-13 所示。

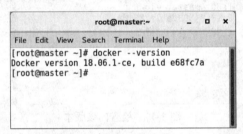

图 1-13 查看 Docker 版本号

第三步,当 Docker 的版本较低需要升级时,先卸载旧版本再下载最新版本。卸载旧版本时需要查看旧版本 Docker 的全名(包含版本号)。查看 Docker 安装包列表的命令如下所示。

```
// 查看 Docker 安装包列表
yum list installed | grep docker
```

效果如图 1-14 所示。

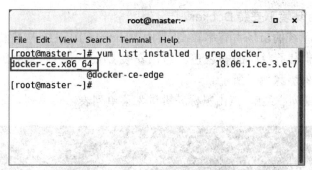

图 1-14　查看 Docker 安装包列表

然后使用安装包的名称删除 Docker，命令如下所示。

```
// 使用安装包的名称删除 Docker
sudo yum -y remove docker-ce.x86_64
```

效果如图 1-15 所示。

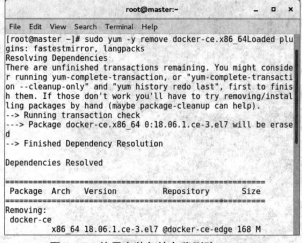

图 1-15　使用安装包的名称删除 Docker

安装包删除完成后，可以通过查看版本号的命令判断是否删除成功，效果如图 1-16 所示。

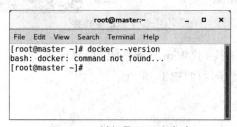

图 1-16　判断是否删除成功

最后使用 Docker 安装命令安装新版本，即可实现 Docker 版本的更新。

2. 在 Windows 环境下安装 Docker

Windows 操作系统的市场占有率较高,其中 Windows 10 系统占了很大一部分,Docker 针对 Windows 10 推出了专门的安装包。但在安装 Docker 之前,需要开启 Hyper-V 功能。开启 Hyper-V 功能的步骤如下所示。

第一步,找到"开始"菜单,点击鼠标左键进入菜单列表。菜单列表如图 1-17 所示。

图 1-17 菜单列表

第二步,在菜单列表中找到"Windows 系统"菜单选项,点击展开选项,并找到"控制面板"。"Windows 系统"菜单选项如图 1-18 所示。

图 1-18 "Windows 系统"菜单选项

第三步,点击图 1-18 中的"控制面板"进入控制面板界面(图 1-19)并找到"卸载程序"选项。

图 1-19　控制面板界面

第四步,点击"卸载程序"选项进入程序和功能界面(图 1-20)并找到"启用或关闭 Windows 功能"选项。

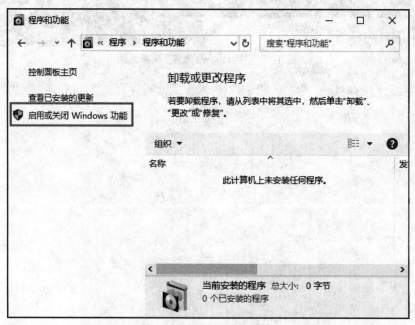

图 1-20　程序和功能界面

第五步，点击"启用或关闭 Windows 功能"选项进入 Windows 功能界面，找到 Hyper-V 功能并进行设置。Hyper-V 功能设置如图 1-21 所示。

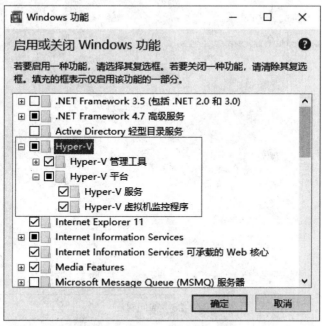

图 1-21　Hyper-V 功能设置

第六步，点击"确定"按钮进入功能加载界面（图 1-22）。

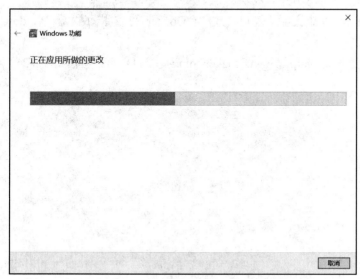

图 1-22　功能加载界面

第七步，功能加载完成后会出现询问界面（图 1-23）。

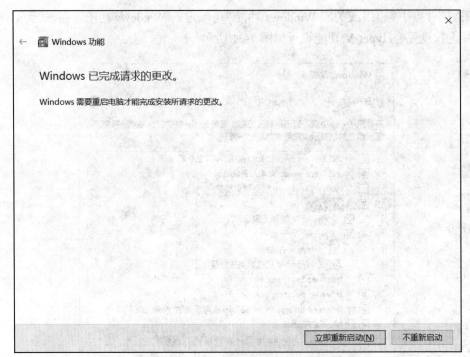

图 1-23　询问界面

第八步,点击"立即重新启动"按钮重启计算机,以保证 Hyper-V 功能开启。待计算机重启后,进入菜单列表找到"Windows 管理工具"菜单选项(图 1-24),点击展开选项看到"Hyper-V 管理器",则说明开启成功。

开启 Hyper-V 功能之后,就可以进行 Docker 的安装了。在 Windows 系统中安装 Docker 的步骤如下所示。

第一步,通过地址"https://www.docker.com/"进入 Docker 官网(图 1-25)。

图 1-24 "Windows 管理工具"菜单选项

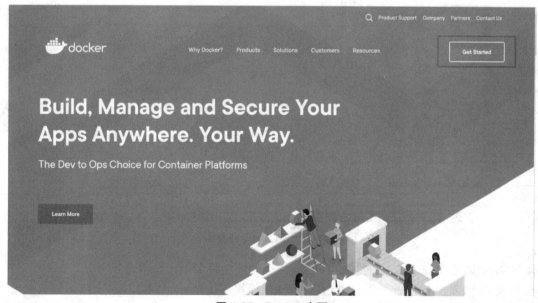

图 1-25 Docker 官网

第二步，点击图 1-25 中右上角的"Get Started"按钮，进入 Docker 入门界面（图 1-26）。

图 1-26　Docker 入门界面

第三步，点击图 1-26 中的"Download for Windows"按钮，进入 Docker 下载界面（图 1-27）。

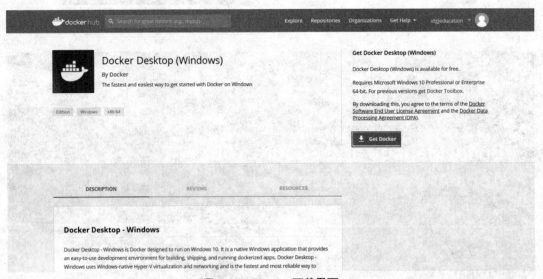

图 1-27　Docker 下载界面

第四步，点击图 1-27 中的"Get Docker"按钮，进行 Docker 安装文件的下载。

第五步，双击 Docker 安装文件进入 Docker 模块下载界面（图 1-28）。

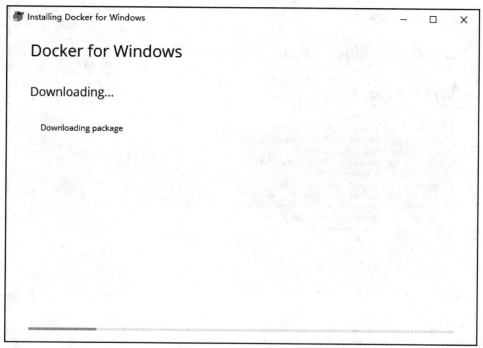

图 1-28 Docker 模块下载界面

第六步,等待一段时间之后,弹出安装询问界面(图 1-29)。

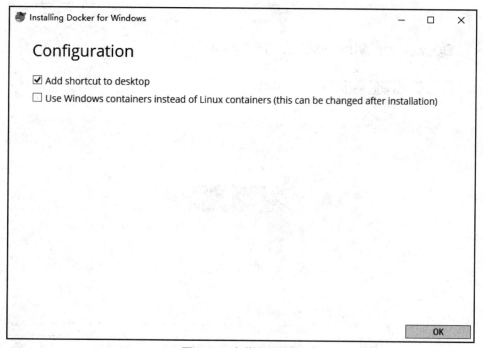

图 1-29 安装询问界面

第七步,点击图 1-29 中的"OK"按钮,进入 Docker 安装界面(图 1-30)。

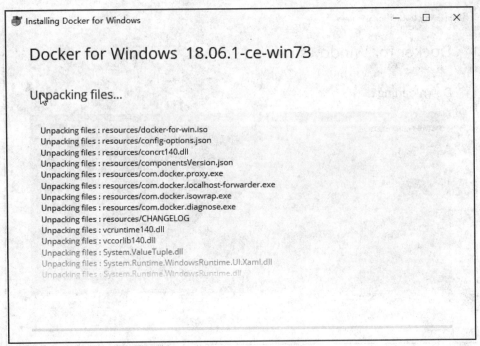

图 1-30　Docker 安装界面

第八步，等待几分钟后，进入 Docker 安装完成界面（图 1-31）。

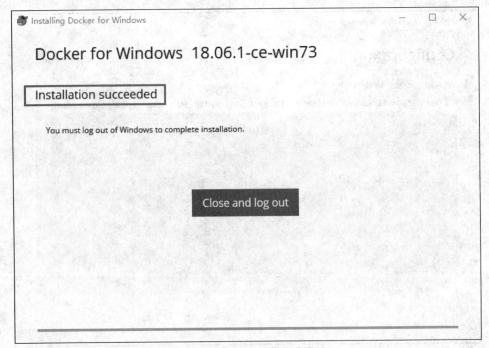

图 1-31　Docker 安装完成界面

第九步，安装成功后，想要使用 Docker，双击桌面上的 Docker 图标即可启动。

第十步，启动成功后，可以通过命令窗口使用 Docker。为了确保 Docker 环境安装成功,打开命令窗口查看 Docker 版本号。查看 Docker 版本号的效果如图 1-32 所示。

图 1-32　查看 Docker 版本号

　　由于 Docker 在 Linux 的 CentOS 操作系统中使用量最大,尽管使用 yum 进行 Docker 的安装相较于使用脚本安装有些复杂,但不可否认的是,使用 yum 进行安装是一个不错的选择,可通过以下几个步骤实现 Docker 在 CentOS 中的环境安装。
　　第一步,与使用脚本安装相同,需要进行内核版本的检查。
　　第二步,安装系统工具,为 Docker 安装作准备,命令如下所示。

sudo yum install -y yum-utils device-mapper-persistent-data lvm2

效果如图 1-33 所示。

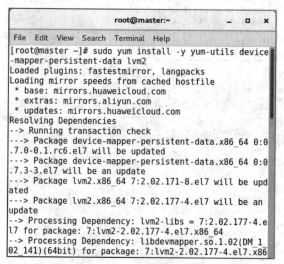

图 1-33　安装系统工具

第三步，安装软件源信息，命令如下所示。

```
sudo yum-config-manager --add-repo https://download.docker.com/linux/centos/docker-ce.repo
```

效果如图 1-34 所示。

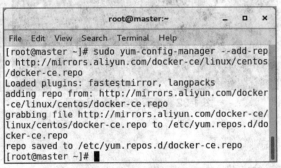

图 1-34　安装软件源信息

第四步，更新 yum 缓存，命令如下所示。

```
sudo yum makecache fast
```

效果如图 1-35 所示。

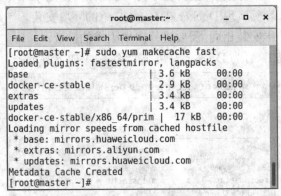

图 1-35　更新 yum 缓存

第五步，查看仓库中包含的 Docker 版本，选择特定版本安装，命令如下所示。

```
yum list docker-ce --showduplicates | sort -r
```

效果如图 1-36 所示。

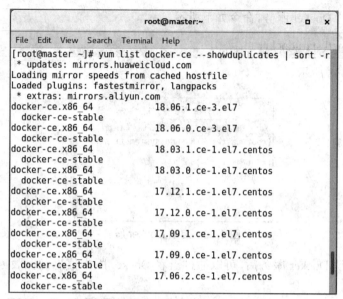

图 1-36 查看仓库中包含的 Docker 版本

第六步,使用 yum 进行 Docker 的安装,命令如下所示。

```
sudo yum install docker-ce
```

效果如图 1-37 所示。

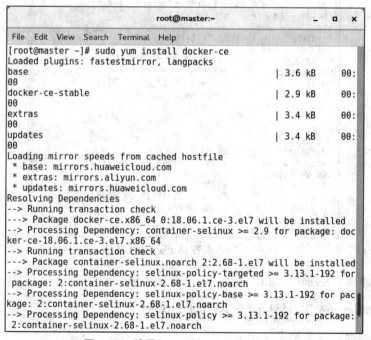

图 1-37 使用 yum 进行 Docker 的安装

如果想安装指定的版本,命令如下所示。

```
sudo yum install docker-ce-17.12.0.ce
```

第七步，启动 Docker 服务，命令如下所示。

```
sudo systemctl start docker
```

效果如图 1-38 所示。

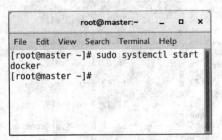

图 1-38　启动 Docker 服务

第八步，启动 Docker 服务后，可以通过查看 Docker 版本信息确保服务正常运行，命令如下所示。

```
docker version
```

效果如图 1-39 所示。

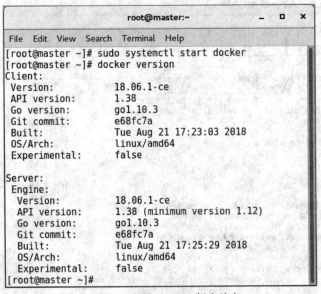

图 1-39　查看 Docker 版本信息

第九步，测试 Docker，并输出"hello world"，命令如下所示，效果如图 1-1 所示。

```
docker run centos:7.2.1511 /bin/echo "hello world"
```

至此，Docker 环境安装完成。

通过在 CentOS 环境下安装 Docker 的实现，对 Docker 和虚拟化的相关知识有了初步的了解，对在不同环境下安装 Docker 的方法有所了解，并能够应用所学的 Docker 环境安装知识实现在 CentOS 环境下进行 Docker 的安装。

build	搭建	lightweight	轻量
virtualization	虚拟化	mirror	镜像
container	容器	procedure	程序
trend	趋势	update	更新
installation	安装	test	测试

1. 选择题

（1）下面不属于 Docker 的三个组成部分的是（　　）。
A. Docker Daemon　　B. REST API　　C. Client　　D. Server

（2）查看 Docker 版本的命令是 docker（　　）。
A. server　　B. images　　C. version　　D. run

（3）Docker 容器直接复用本地主机的操作系统，相较于传统虚拟化更加（　　）。
A. 快速　　B. 简洁　　C. 轻量　　D. 有效

（4）Docker 不支持（　　）部署。
A. 云端　　B. 虚拟机　　C. 本地　　D. GPU

（5）在 Windows 系统中安装 Docker 需要开启（　　）功能。
A. Web　　B. Hyper-V　　C. PHP　　D. JSP

2. 简答题

（1）简述 Docker 与传统虚拟化相比的优势。
（2）简述 Docker 在 CentOS 中的安装步骤。

项目二　Docker 基础之应用程序构建

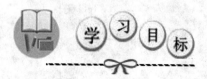

通过实现应用程序的构建，了解 Docker 镜像和容器的相关知识，熟悉 Docker 镜像的基本使用，掌握 Docker 容器的创建及简单操作，具有使用 Tomcat 镜像创建容器并发布项目的能力，在任务实现过程中。

➤ 了解 Docker 镜像和容器的基本概念；
➤ 熟悉 Docker 镜像的使用方法；
➤ 掌握 Docker 容器的基本操作；
➤ 具有使用 Tomcat 镜像创建容器的能力。

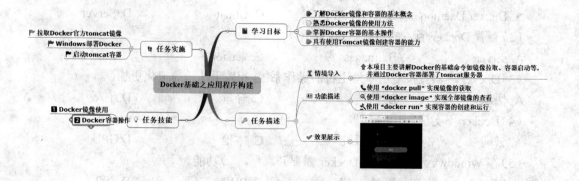

项目二　Docker 基础之应用程序构建

【情境导入】

在项目开发完成进行后期调试和运维时，由于运行环境存在差异会出现各种各样的问题。在使用 Tomcat 部署项目前，需要先配置 Tomcat，由于系统环境不同，相同的配置也可能出现配置不成功的情况。使用 Docker 能够统一开发、测试和部署环境和流程。不管将项目移植到哪一台安装了 Docker 环境的计算机中，采用相同的配置都能够很好地运行，不会因为环境差异而出现错误。本项目通过对 Docker 镜像和容器的相关操作进行讲解，最终完成使用 Tomcat 镜像创建容器并实现登录界面的发布。

【功能描述】

➢ 使用"docker pull"命令实现镜像的拉取；
➢ 使用"docker images"命令实现全部镜像的查看；
➢ 使用"docker run"命令实现容器的创建和运行。

【效果展示】

通过对本任务的学习，使用"docker pull"命令拉取 Tomcat 镜像，然后使用 Tomcat 镜像创建并运行一个容器，最后将编写好的登录界面代码放到容器中，实现登录界面的发布，效果如图 2-1 所示。

图 2-1　效果图

技能点一 Docker 镜像使用

Docker 镜像在项目一中已经简单地提到了，它是 Docker 不可缺少的一部分，在 Docker 中占有重要的地位。以下是 Docker 镜像的简介以及 Docker 镜像的使用。

1. Docker 镜像简介

镜像是一种文件存储形式，就好像照镜子一样，将与一份文件完全相同的副本存储在另一个地方，这份文件的副本即为一个镜像，也可以称为镜像文件。镜像文件在本质上与压缩包类似，主要是将一系列特定的文件以一定的格式制作成单一文件，供用户下载和使用。

Docker 镜像实际上是由许多文件系统叠加而成的，主要用来为 Docker 的快速开发和 Docker 容器的运行提供支持。Docker 镜像层次如图 2-2 所示。

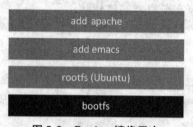

图 2-2 Docker 镜像层次

bootfs 位于镜像的最底端，是一个引导文件系统。当容器启动后，bootfs 将被移动到内存中并卸载，以为磁盘镜像提供更多内存。rootfs 位于 bootfs 之上，是一个 root 文件系统。rootfs 可以是一种或者多种操作系统，如 Debian、Ubuntu 等。与传统的 root 文件系统先读后写不同，Docker 中的 root 文件系统永远处于只读状态。add emacs、add apache 在 rootfs 之上。Docker 先使用联合加载技术（即同时加载多个文件系统，但在外部似乎只看到一个文件系统）加载很多个只读文件系统，再使用联合加载技术将各层中的文件系统叠加在一起，这个叠加在一起的文件系统就包含所有底层的文件和目录。

扫描下面的二维码可了解更多关于 Docker 镜像原理的知识。

2. Docker 镜像操作

在 Docker 中，镜像是必不可少的，是创建 Docker 容器的基础。Docker 提供了很多用于镜像操作的命令（表 2-1），包含镜像的查找、构建、删除等。下面主要针对镜像的操作一步一步地学习 Docker 镜像的使用。

表 2-1 镜像操作命令

命令	描述
docker pull	拉取镜像
docker images	查看镜像信息
docker tag	设置镜像标签
docker search	查找镜像
docker rmi	删除镜像
docker save	导出镜像
docker load	载入镜像
docker push	上传镜像

由表 2-1 可以看出 Docker 中镜像的相关操作具体都有哪些。下面针对镜像相关命令的使用进行讲解。

（1）docker pull

在 Docker 中，没有镜像容器无法被启动，那么如何拉取镜像呢？通过"docker pull"命令即可实现镜像的拉取。"docker pull"命令包含的部分参数如表 2-2 所示。

表 2-2 "docker pull"命令包含的部分参数

参数	描述
-a	拉取所有 tagged 镜像
--disable-content-trust	忽略镜像的校验，默认开启

目前，镜像可以从以下两个地方拉取。

① 从 Docker Hub（官方仓库）中拉取镜像，命令如下所示。

```
docker pull ubuntu:14.04
//ubuntu 代表镜像的名称（name），14.04 为标签（tag）或版本信息
```

效果如图 2-3 所示。

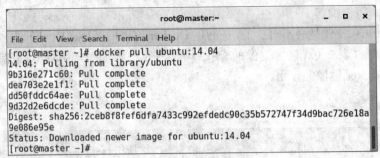

图 2-3　拉取指定版本的镜像

对 Docker 镜像来说,当不指定标签时,默认下载最新的版本,并选择"latest"标签,效果如图 2-4 所示。

图 2-4　拉取默认版本的镜像

②从私有仓库中拉取镜像,需要使用镜像的完整路径,命令如下所示。

```
docker pull 192.168.1.101:5000/public/ubuntu:14.04
```

（2）docker images

"docker images"是查看镜像信息的命令,可以将本地主机上已有镜像的基本信息全部列出来,还可以用于判断镜像是否拉取成功。在使用"docker images"命令查看镜像信息时,可以通过加入一些参数实现条件查询,部分参数如表 2-3 所示。

表 2-3　"docker images"命令包含的部分参数

参数	描述
-a	列出本地所有的镜像（含中间映像层,在默认情况下过滤掉中间映像层）
--digests	显示镜像的摘要信息
-f	显示满足条件的镜像
--format	指定返回值的模板文件
--no-trunc	显示完整的镜像信息
-q	只显示镜像的 ID

使用"docker images"查询镜像信息，命令如下所示。

```
// 查看全部镜像的基本信息
docker images
// 查看部分镜像的基本信息
docker images ubuntu
// 查看指定镜像的基本信息
docker images ubuntu:14.04
```

使用"docker images"命令查看到的基本信息字段及其代表的意义如表 2-4 所示。

表 2-4 使用"docker images"命令查看到的基本信息字段及其代表的意义

字段	意义
REPOSITORY	来自哪个仓库
TAG	镜像标签信息
IMAGE ID	镜像的 ID，是镜像的唯一标识。ID 相同，说明两个镜像目前指向同一个镜像
CREATED	镜像的创建时间
SIZE	镜像的大小

效果如图 2-5 所示。

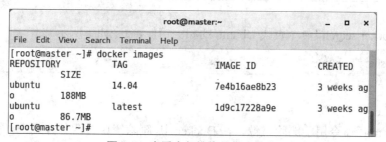

图 2-5 查看全部镜像的基本信息

（3）docker tag

"docker tag"命令主要用于设置镜像标签。当一个镜像被使用时，如果另一个项目同样需要使用这个镜像，为了区分镜像主要针对哪个项目，可以通过设置镜像标签来解决这个问题。设置镜像标签的命令如下所示。

```
docker tag ubuntu:latest myubuntu:latest
```

效果如图 2-6 所示。

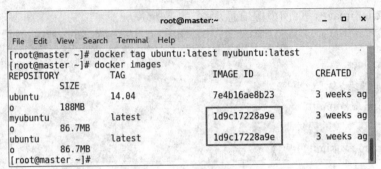

图 2-6　设置镜像标签

（4）docker search

"docker search"命令用于查找镜像。当想拉取一个镜像，却不知道有什么版本时，可以使用查找镜像的命令。在查找镜像时，先从本地查找，然后是本地仓库，最后是 Docker Hub 仓库。"docker search"命令包含的部分参数如表 2-5 所示。

表 2-5　"docker search"命令包含的部分参数

参数	描述
--automated	只列出 automated build 类型的镜像
--no-trunc	显示完整的镜像描述
-s	列出收藏数不小于指定值的镜像

使用"docker search"命令查找 Ubuntu 的相关镜像，命令如下所示。

docker search ubuntu

效果如图 2-7 所示。

（5）docker rmi

"docker rmi"命令用于删除镜像。在 Docker 中，删除镜像有两种方式：一种是使用镜像的 ID 删除，另一种是使用仓库名称和标签名称的组合删除。"docker rmi"命令包含的部分参数如表 2-6 所示。

表 2-6　"docker rmi"命令包含的部分参数

参数	描述
-f	强制删除
--no-prune	不移除镜像的过程镜像，默认移除

项目二 Docker 基础之应用程序构建

```
root@master:~
File Edit View Search Terminal Help
r password
[root@master ~]# docker search ubuntu
NAME                                              DESCRIPTION
        STARS        OFFICIAL        AUTOMATED
ubuntu                                            Ubuntu is a Debian-based Linux operating sys…
        8663         [OK]
dorowu/ubuntu-desktop-lxde-vnc                    Ubuntu with openssh-server and NoVNC
        234                          [OK]
rastasheep/ubuntu-sshd                            Dockerized SSH service, built on top of offi…
        178                          [OK]
consol/ubuntu-xfce-vnc                            Ubuntu container with "headless" VNC session…
        133                          [OK]
ansible/ubuntu14.04-ansible                       Ubuntu 14.04 LTS with ansible
        95                           [OK]
ubuntu-upstart                                    Upstart is an event-based replacement for th…
        92           [OK]
neurodebian                                       NeuroDebian provides neuroscience research s…
        54           [OK]
land1internet/ubuntu-16-nginx-php-phpmyadmin-mysql-5    ubuntu-16-nginx-php-phpmyadmin-mysql-5
        47                           [OK]
ubuntu-debootstrap                                debootstrap --variant=minbase --components=m…
        40           [OK]
nuagebec/ubuntu                                   Simple always updated Ubuntu docker images w…
        23                           [OK]
tutum/ubuntu                                      Simple Ubuntu docker images with SSH access
        18
i386/ubuntu                                       Ubuntu is a Debian-based Linux operating sys…
        14
land1internet/ubuntu-16-apache-php-7.0             ubuntu-16-apache-php-7.0
        13                           [OK]
ppc64le/ubuntu                                    Ubuntu is a Debian-based Linux operating sys…
        12
eclipse/ubuntu_jdk8                               Ubuntu, JDK8, Maven 3, git, curl, nmap, mc, …
        6                            [OK]
land1internet/ubuntu-16-nginx-php-5.6-wordpress-4  ubuntu-16-nginx-php-5.6-wordpress-4
        6                            [OK]
codenvy/ubuntu_jdk8                               Ubuntu, JDK8, Maven 3, git, curl, nmap, mc, …
```

图 2-7 查找镜像

使用"docker rmi"命令删除镜像,命令如下所示。

```
// 删除 ID 为 "7e4b16ae8b23" 的镜像
docker rmi 7e4b16ae8b23
docker rmi ubuntu:14.04
```

效果如图 2-8 所示。

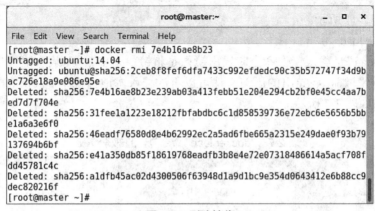

图 2-8 删除镜像

删除后使用"docker images"命令查看镜像的基本信息,不存在 ID 为"7e4b16ae8b23"

的镜像则说明镜像删除成功。效果如图 2-9 所示。

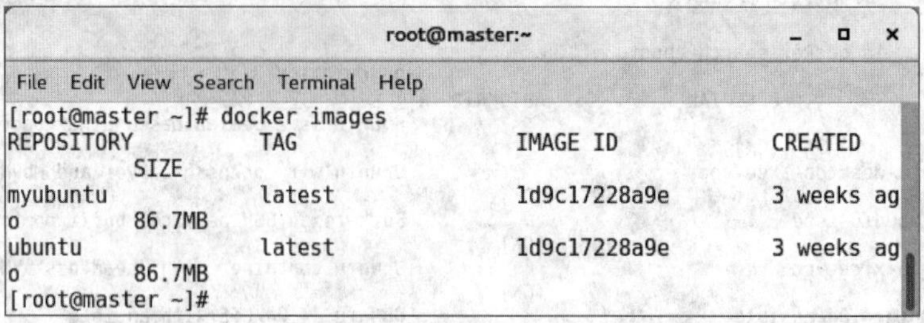

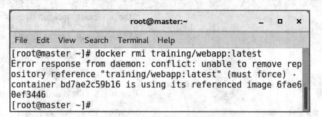

图 2-9　镜像删除成功

使用"docker rmi"命令只能删除不处于工作状态的镜像，如果删除运行容器的镜像，Docker 会提示有容器正在运行，无法删除，如图 2-10 所示。

图 2-10　删除正在工作的镜像

如果想删除这个镜像，有两种方式：第一种是使用强行删除命令，只需在删除命令中添加"-f"参数即可；第二种是先删除依赖的所有容器，再使用删除命令。

（6）docker save

"docker save"命令主要用于导出镜像。使用"docker save"命令加入"-o"参数即可将镜像以压缩文件的形式导出到本地，之后如果想分享该镜像，只需复制压缩文件即可。导出镜像的命令如下所示。

```
// 导出"ubuntu:latest"镜像，"-o"参数表示输出到的文件
docker save -o ubuntu_latest.tar ubuntu:latest
```

效果如图 2-11 所示。

（7）docker load

"docker load"是载入镜像命令。导出镜像是将镜像拿出来，而载入镜像是将镜像放进去。通过载入镜像命令，导出的压缩文件可以再次导入本地镜像中。"docker load"命令包含的部分参数如表 2-7 所示。

表 2-7　"docker load"命令包含的部分参数

参数	描述
--input,-i	从 tar 压缩文件中读取
--quiet,-q	抑制负载输出

项目二　Docker 基础之应用程序构建

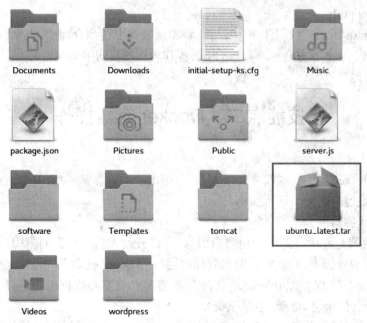

图 2-11　导出镜像

使用"docker load"命令载入镜像，命令如下所示。

// 载入"ubuntu_latest.tar"镜像
docker load --input ubuntu_latest.tar

为了更直观地看到效果，先将"ubuntu:latest"镜像删除，效果如图 2-12 所示。

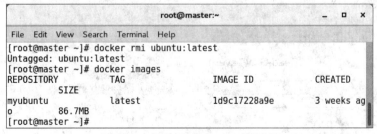

图 2-12　删除"ubuntu:latest"镜像

然后运行载入镜像命令，效果如图 2-13 所示。

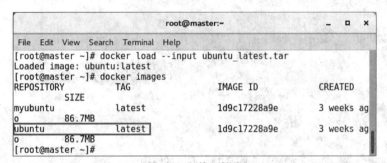

图 2-13　载入镜像

（8）docker push

"docker push"命令用于上传镜像，可以将本地镜像上传到仓库中，在默认情况下会将镜像上传到 Docker Hub 官方仓库。具体的上传操作将在项目四中详细说明。

技能点二　Docker 容器操作

容器是 Docker 能够发展起来的根本，其与镜像的关系非常密切，简单来说，容器依附于镜像而存在，是镜像的一个运行实例。

1. Docker 容器简介

Docker 容器是一个开源的应用容器引擎，允许开发人员将他们的应用以及依赖项打包到一个可移植的容器中，然后将其发布到任何运行的 Linux 机器上。容器采用沙箱机制，彼此之间没有任何接口（类似 iPhone 的 APP），很容易在机器和数据中心运行。最重要的是，它们不依赖于任何语言、框架（包括系统）。

虽然 Docker 容器与其他容器技术相似，但 Docker 是将关键的应用程序组件捆绑在一个容器中，允许容器在不同的平台和云计算之间移植，因此 Docker 容器是需要跨多个不同的环境运行的应用程序的理想选择。

如果说镜像的结构是一堆只读层（Read-Only Layer）的统一视角，如图 2-14 所示，那么当通过镜像创建容器时，Docker 将在镜像的顶层加载一个读写文件系统（也可以说是一个可读写层），容器的结构如图 2-15 所示。

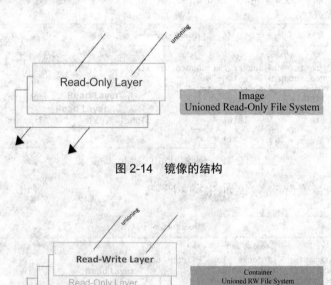

图 2-14　镜像的结构

图 2-15　容器的结构

容器的本质其实就是在镜像的基础上添加一个可读写层,可以说"容器 = 镜像 + 可读写层"。可读写层的主要作用就是支持 Docker 中程序的运行。初始的可读写层实际是空的,容器运行之后,隔离的进程空间(Process Space)和包含在其中的进程(Process)被添加到这个可读写的统一文件系统(可读写层)中。读写层的结构如图 2-16 所示。

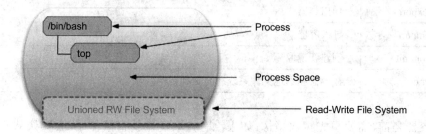

图 2-16 读写层的结构

通过容器运行时,文件系统的隔离技术使 Docker 成为一种很有前途的技术。另外,文件系统中发生的变化也会体现在可读写层中:当容器中的进程对文件进行修改、删除、创建等操作后,这些操作都将作用于可读写层(Read-Write Layer)。可读写层的文件操作如图 2-17 所示。

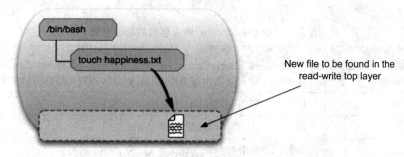

图 2-17 可读写层的文件操作

注意:容器由创建时给出的镜像和配置项定义,当容器被删除时,其所有未被持久存储的状态变化都会丢失。

2. Docker 容器操作

在 Docker 中,容器与镜像在结构上大致相同,基本操作也相差不大,唯一的不同就是镜像可以直接拉取,而容器需要创建。容器操作的相关命令如表 2-8 所示。

表 2-8 容器操作的相关命令

命令	描述
docker create	创建容器
docker ps	查看容器信息
docker start	启动容器
docker run	创建并启动容器
docker stop	终止容器

续表

命令	描述
docker restart	重启容器
docker rm	删除容器
docker export	导出容器
docker import	导入容器
docker commit	创建新镜像
docker cp	在容器和本地文件系统之间复制文件/文件夹

在使用容器之前,需要事先拉取镜像,如果没有拉取镜像就直接使用,会默认从 Docker 官方镜像仓库中加载,然后才能通过表 2-8 中的相关命令实现容器的操作。

(1)docker create

"docker create"命令用来创建容器。创建容器时,只需要在"docker create"命令后面加上镜像的名称和标记即可,但使用"docker create"命令创建的容器是处于静止状态的。"docker create"命令包含的部分参数如表 2-9 所示。

表 2-9 "docker create"命令包含的部分参数

参数	描述
-a stdin	指定标准输入输出内容类型,可选 STDIN、STDOUT、STDERR 三项之一
-d	后台运行容器,并返回容器的 ID
-i	以交互模式运行容器,通常与 -t 同时使用
-t	为容器重新分配一个伪输入终端,通常与 -i 同时使用
--name="nginx-lb"	为容器指定一个名称
--volume , -v	绑定一个卷
--volume-driver	容器的可选卷驱动程序
--volumes-from	从指定容器装载卷
--publish , -p	将容器的端口发布到主机
--publish-all , -P	将所有公开的端口发布到随机端口
--network	将容器连接到网络
--link	添加链接到另一个容器
--ip	IPv4 地址
--detach , -d	在后台运行容器并打印容器的 ID

使用"docker create"命令创建容器,命令如下所示。

```
//"-it"参数为"-i"和"-t"的组合
docker create -it ubuntu:latest
```

效果如图 2-18 所示。

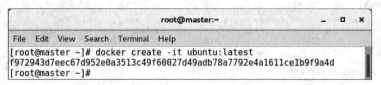

图 2-18　创建容器

（2）docker ps

"docker ps"是查看容器信息的命令，可以将所有容器的相关信息以列表的形式显示出来，包含容器的名称、ID 等信息。单纯地使用"docker ps"命令可以查看当前正在运行的相关容器的信息；如果想针对不同的情况去查询相关容器，可以在"docker ps"命令后面加一些参数。"docker ps"命令包含的常用参数如表 2-10 所示。

表 2-10　"docker ps"命令包含的常用参数

参数	描述
-a	显示所有容器，包括未运行的容器
-f	根据条件过滤显示的内容
--format	指定返回值的模板文件
-l	显示最近创建的容器
-n	列出最近创建的 n 个容器
--no-trunc	不截断输出
-q	静默模式，只显示容器的编号
-s	显示总的文件大小

使用"-a"参数查看全部容器的相关信息，命令如下所示，效果如图 2-19 所示。

```
docker ps -a
```

使用"docker ps -a"命令查看到的基本信息字段及其代表的意义如表 2-11 所示。

表 2-11　使用"docker ps -a"命令查看到的基本信息字段及其代表的意义

字段	意义
CONTAINER ID	容器的 ID
IMAGE	镜像的名称
COMMAND	Command 命令
CREATED	创建时间
STATUS	容器的状态
PORTS	端口号
NAMES	容器的名称

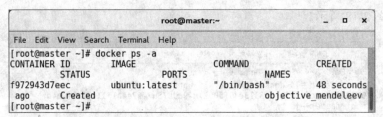

图 2-19　查看全部容器的相关信息

（3）docker start

"docker start"命令用于启动容器，可以启动处于静止状态的容器，但启动容器时需要用到容器的 ID 或名称。命令如下所示。

```
docker start f972943d7eec    // 返回相同的容器 ID 说明启动完成
```

效果如图 2-20 所示。

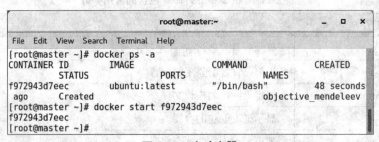

图 2-20　启动容器

（4）docker run

使用"docker create"命令只能创建容器，但不能让容器启动，只能再使用"docker start"命令启动，这种方式比较麻烦。"docker run"命令用于直接创建并启动容器。"docker run"命令包含的参数与"docker create"命令包含的参数相同。使用"docker run"命令创建并启动容器，命令如下所示。

```
///bin/echo 'hello world' 为输出命令，输出"hello world"
docker run ubuntu:latest /bin/echo 'hello world'
```

效果如图 2-21 所示。

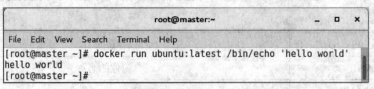

图 2-21　创建并启动容器

查看启动的容器的信息，如图 2-22 所示。

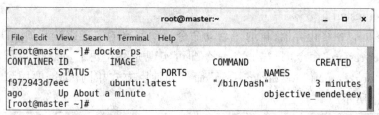

图 2-22 查看启动的容器的信息

通过图 2-22 可以看出,没有显示刚才启动的容器,那么这个容器是不是没有启动呢?答案是否定的,容器已启动,但由于"docker run"命令的某些限制,容器在执行命令后终止。"docker run"命令的操作过程如下。

①检查容器指定的镜像是否存在于本地,如果不存在,则从公有仓库中下载。
②使用镜像创建容器并启动。
③给容器分配一个文件系统,然后在镜像层上面添加一个可读写层。
④从宿主主机桥接一个虚拟接口到容器中。
⑤给容器配置 IP 地址。
⑥执行用户指定的程序。
⑦程序执行完成后,自动终止容器。

(5) docker stop

使用"docker stop"命令可以终止容器。使用"docker run"命令时,Docker 容器中指定的应用终结,容器也会自动终止。除了自动终止外,Docker 还提供了"docker stop"命令,与手动启动容器相同,它也需要用到容器的 ID 或名称,命令如下所示。

```
// 查看容器的信息
docker ps
// 终止容器
docker stop f972943d7eec
```

效果如图 2-23 所示。

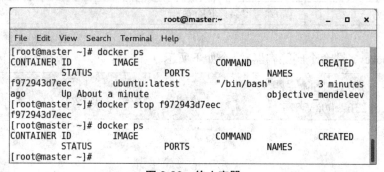

图 2-23 终止容器

通过图 2-23 可以看出,容器现在处于终止状态,如果想再次启动,可以通过"docker start"命令实现。

（6）docker restart

先通过终止命令终止容器，再通过启动命令启动容器的方式比较麻烦，Docker 中还包含一个"docker restart"命令，只需一条命令即可实现先终止再启动这个过程。"docker restart"命令与"docker start"和"docker stop"命令的使用方式相同，都需要用到容器的 ID 或名称，命令如下所示。

```
docker restart f972943d7eec
```

效果如图 2-24 所示。

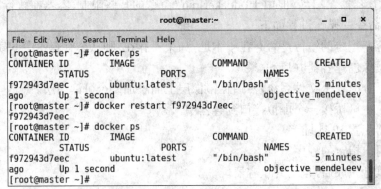

图 2-24　重启容器

（7）docker rm

当容器需要被销毁时，可以使用"docker rm"命令，使用这个命令可以通过容器的 ID 或名称删除处于终止或退出状态的容器。"docker rm"命令包含的常用参数如表 2-12 所示。

表 2-12　"docker rm"命令包含的常用参数

参数	描述
-f	通过 SIGKILL 信号强制删除运行中的容器
-l	移除容器间的网络连接，而非容器本身
-v	删除与容器关联的卷

使用"docker rm"命令删除容器，命令如下所示。

```
// 通过容器的 ID 删除容器
docker rm 2362e00a3752
```

效果如图 2-25 所示。

项目二 Docker 基础之应用程序构建

```
[root@master ~]# docker ps -a
CONTAINER ID        IMAGE               COMMAND                  CREAT
ED              STATUS              PORTS               NAMES
2362e00a3752        ubuntu:latest       "/bin/echo 'hello wo…"   3 min
utes ago        Exited (0) 3 minutes ago                confiden
t_franklin
f972943d7eec        ubuntu:latest       "/bin/bash"              6 min
utes ago        Up 37 seconds                           objectiv
e_mendeleev
[root@master ~]# docker rm 2362e00a3752
2362e00a3752
[root@master ~]# docker ps -a
CONTAINER ID        IMAGE               COMMAND                  CREATED
                STATUS              PORTS               NAMES
f972943d7eec        ubuntu:latest       "/bin/bash"              6 minutes
ago             Up About a minute                       objective_mendeleev
[root@master ~]#
```

图 2-25 删除容器

删除容器的命令在默认情况下只能删除处于终止或退出状态的容器,如果要删除正在运行的容器,只需在删除命令中添加"-f"参数,这样 Docker 会给容器发送信号终止其中的应用,然后强行删除这个容器。

(8) docker export

"docker export"命令主要用于导出容器。跟镜像操作一样,既然镜像可以被导出,那么容器也是可以被导出的。正因为有容器导出这一重要特征,Docker 才能实现多平台移植且不需要担心环境不一致。导出容器并不是指导出一个容器到另一个容器,而是导出一个容器到一个文件,并且不管容器是否正在运行。"docker export"命令包含的参数如表 2-13 所示。

表 2-13 "docker export"命令包含的参数

参数	描述
-o	将输入内容写到文件中

使用"docker export"命令导出容器,命令如下所示。

// 导出容器 f972943d7eec

docker export -o ubt_latest_rong.tar f972943d7eec

效果如图 2-26 所示。

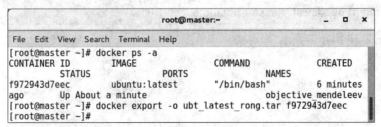

图 2-26 导出容器

导出完成后,可以在命令窗口中输入"ls"查看目录信息,也可以打开 home 文件夹查看。打开 home 文件夹查看的结果如图 2-27 所示。

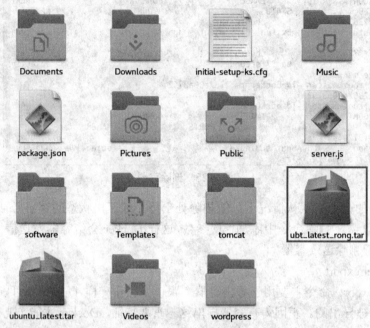

图 2-27　查看结果

(9) docker import

"docker import"命令用于导入容器,可以将上面的由导出命令生成的文件重新生成镜像。这里要注意一点,是生成镜像而不是重新生成一模一样的容器。"docker import"命令包含的参数如表 2-14 所示。

表 2-14　"docker import"命令包含的参数

参数	描述
-c	应用 docker 指令创建镜像
-m	提交时的说明文字

使用"docker import"命令导入容器,命令如下所示。

```
docker import ubt_latest_rong.tar ubuntu:latestv1.0
```

效果如图 2-28 所示。

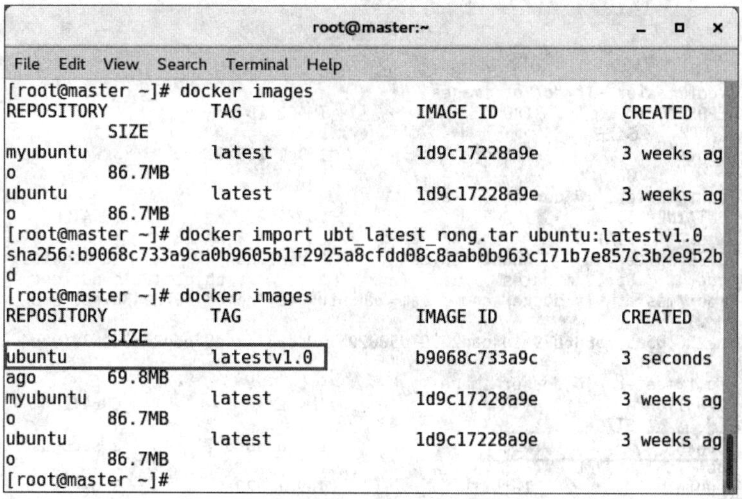

项目二 Docker 基础之应用程序构建

图 2-28 导入容器

尽管使用"docker load"和"docker import"命令都能够导入镜像,但"docker load"命令是将镜像存储文件导入本地镜像库,"docker import"命令是快照一个容器到本地镜像库。这两种方式最大的区别在于信息的完整度,容器快照会丢失信息,而镜像存储文件能完整地保存所有信息。

(10) docker commit

"docker commit"命令用于根据容器的更改创建一个新的镜像。当创建的容器内容被更改后,为了保证使用容器时环境的一致性,可以将更改后的容器重新生成一个新的镜像。"docker commit"命令包含的部分参数如表 2-15 所示。

表 2-15 "docker commit"命令包含的部分参数

参数	描述
--author, -a	设置作者
--change, -c	将 Dockerfile 指令应用于创建的镜像
--message, -m	提交消息
--pause, -p	在提交期间暂停容器

使用"docker commit"命令创建新镜像,命令如下所示。

```
docker commit -m="ubuntu" -a="name" f972943d7eec ubuntu:v1
```

效果如图 2-29 所示。

```
[root@master ~]# docker images
REPOSITORY          TAG                 IMAGE ID            CREATED
                    SIZE
ubuntu              latest              1d9c17228a9e        3 weeks ag
o                   86.7MB
[root@master ~]# docker ps -a
CONTAINER ID        IMAGE               COMMAND             CREATED
          STATUS              PORTS               NAMES
f972943d7eec        ubuntu:latest       "/bin/bash"         18 minutes
 ago                Up 12 minutes                           objective_mendeleev
[root@master ~]# docker commit -m="ubuntu" -a="name" f972943d7eec ubun
tu:v1
sha256:05a9a55886b79a1a4dad22397d5002951704b937f3ce87e6d27a91e679f08b4
8
[root@master ~]# docker images
REPOSITORY          TAG                 IMAGE ID            CREATED
                    SIZE
ubuntu              v1                  05a9a55886b7        2 seconds
ago                 86.7MB
ubuntu              latest              1d9c17228a9e        3 weeks ag
o                   86.7MB
[root@master ~]#
```

图 2-29 创建新镜像

3. Docker 容器交互

在使用"docker run"命令创建并启动容器时，命令中可以加入"-d"参数，这时启动的容器会进入后台，用户无法看到容器中的信息，也无法进行内容的操作，但 Docker 允许开发人员进入容器中进行容器内容的相关操作。在 Docker 中，进入容器进行操作的方法有很多种，有官方的"attach""exec"命令以及第三方的 nsenter 工具等。

（1）"attach"命令

"attach"是 Docker 自带的命令，主要用于 Docker 1.3.0 及之前的版本，在容器启动之后才能使用。"attach"命令如下所示。

| docker attach priceless_chatterjee   // 容器的名称 |

效果如图 2-30 所示。

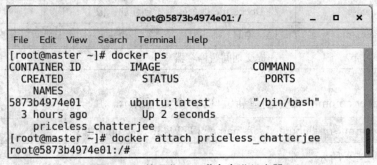

图 2-30 使用"attach"命令进入容器

尽管使用"attach"命令能够进入容器，但有时候并不方便，例如，当多个命令窗口使用"attach"命令进入同一容器的时候，所有窗口会同步显示内容；如果某个窗口出现命令阻塞，其他窗口将无法执行操作。

（2）"exec"命令

"exec"与"attach"相同，都是 Docker 自带的命令，但"exec"出现在 Docker 1.3.0 之后的版本，是进入容器操作最好的方式，用户可以在不影响容器内的其他应用的前提下与容器交互。"exec"命令包含的常用参数如表 2-16 所示。

表 2-16 "exec"命令包含的常用参数

参数	描述
-d	分离模式，在后台运行
-i	即使没有附加，也保持 STDIN 打开
-t	分配一个伪终端

使用"exec"命令进入容器，命令如下所示。

```
docker exec -it 5873b4974e01 /bin/bash    //5873b4974e01 为容器的 ID
```

效果如图 2-31 所示。

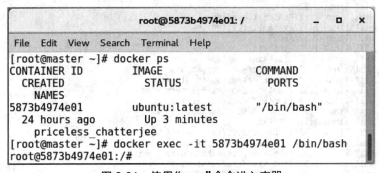

图 2-31　使用"exec"命令进入容器

（3）nsenter 工具

使用 nsenter 工具同样可以进入容器交互，但相较于上面的简单命令，nsenter 需要的命令较多且复杂。因为 nsenter 不是 Docker 自带的工具，因此需要安装后才能使用。其安装步骤如下。

第一步，下载 nsenter 工具源码到主机中，命令如下所示。

```
wget https://mirrors.edge.kernel.org/pub/linux/utils/util-linux/v2.32/util-linux-2.32.tar.gz
```

效果如图 2-32 所示。

第二步，解压源码包，命令如下所示。

```
tar -xzvf util-linux-2.32.tar.gz
```

效果如图 2-33 所示。

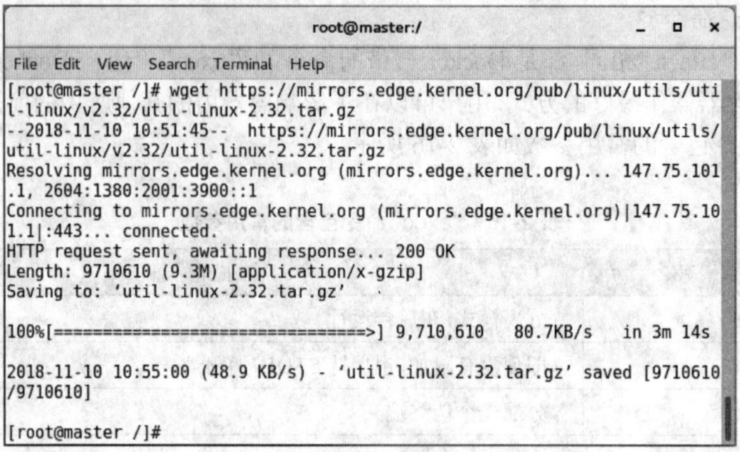

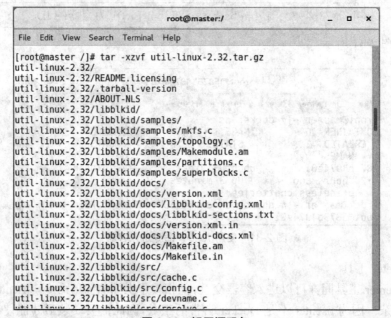

图 2-32　下载 nsenter 工具源码

图 2-33　解压源码包

第三步，进入源码目录，命令如下所示。

cd util-linux-2.32/

效果如图 2-34 所示。

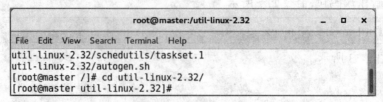

图 2-34　进入源码目录

第四步，检测环境，命令如下所示。

```
./configure --without-ncurses
```

效果如图 2-35 所示。

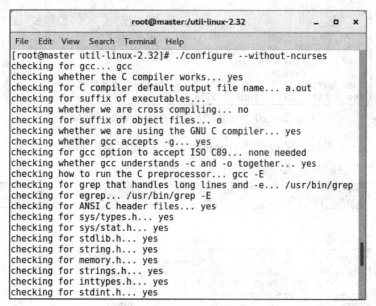

图 2-35　检测环境

第五步，编译 nsenter，命令如下所示。

```
make nsenter
```

效果如图 2-36 所示。

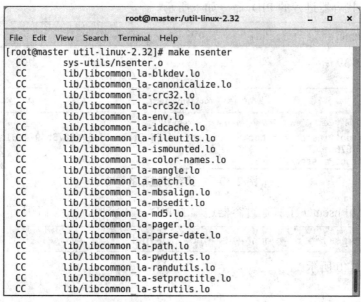

图 2-36　编译 nsenter

第六步，配置环境，将 nsenter 复制到"/usr/local/bin"路径下，命令如下所示。

```
cp nsenter /usr/local/bin
```

效果如图 2-37 所示。

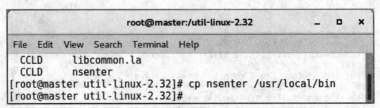

图 2-37　将 nsenter 复制到"/usr/local/bin"路径下

至此，nsenter 工具就安装成功了。nsenter 工具的使用步骤如下。

第一步，检查容器是否已经启动，命令如下所示。

```
docker ps
```

效果如图 2-38 所示。

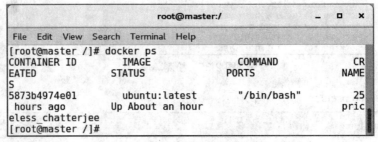

图 2-38　查看正在运行的容器

第二步，查找容器进程的 PID，命令如下所示。

```
docker inspect -f {{.State.Pid}} 5873b4974e01
```

效果如图 2-39 所示。

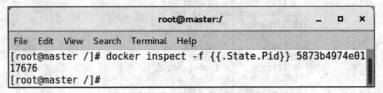

图 2-39　查找容器进程的 PID

第三步，使用 nsenter 工具通过容器进程的 PID 进入容器，命令如下所示。

```
nsenter --target 17676 --mount --uts --ipc --net --pid
```

效果如图 2-40 所示。

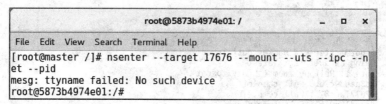

图 2-40　进入容器

第四步，在容器中查看用户和进程信息，效果如图 2-41 所示。

图 2-41　查看用户和进程信息

扫描下面的二维码可了解更多 Docker 容器操作的知识。

通过以上的学习，了解了 Docker 镜像和容器的使用。为了巩固所学的知识，通过以下几个步骤，使用 Tomcat 镜像实现一个登录界面的发布。

第一步，拉取镜像。通过"docker pull"命令可以拉取镜像，这里拉取一个 Tomcat 镜像，命令如下所示。

```
docker pull tomcat
```

效果如图 2-42 所示。

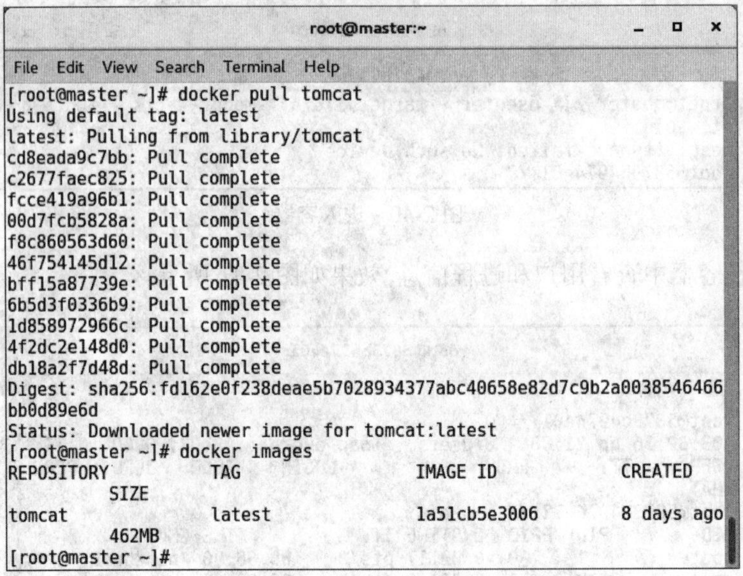

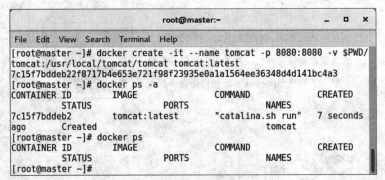

图 2-42 拉取镜像

第二步，使用 Tomcat 创建一个容器，命令如下所示。

```
docker create -it --name tomcat -p 8080:8080 -v $PWD/tomcat:/usr/local/tomcat/tomcat tomcat:latest
```

效果如图 2-43 所示。

图 2-43 创建容器

第三步，启动容器，命令如下所示。

```
docker start 7c15f7bddeb2
```

效果如图 2-44 所示。

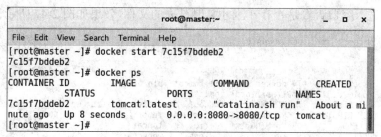

图 2-44　启动容器

第四步,在浏览器的地址栏中输入"IP+端口号",出现如图 2-45 所示的效果,说明应用程序构建成功。

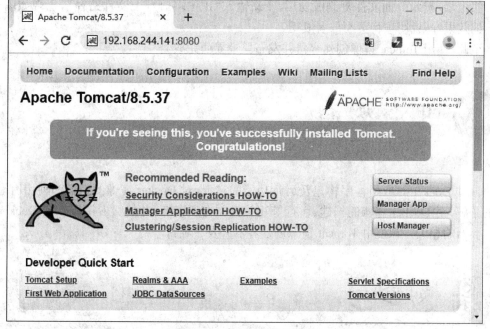

图 2-45　应用程序构建成功

第五步,使用文件拷贝命令将登录界面的代码复制到容器的 webapps 文件夹下,命令如下所示。

docker cp login 7c15f7bddeb2:/usr/local/tomcat/webapps　　//7c15f7bddeb2 为容器的 ID,后面跟的是文件存放的路径

效果如图 2-46 所示。

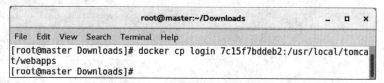

图 2-46　将文件复制到容器中

第六步，进入容器查看是否存在刚才复制过去的文件，效果如图2-47所示。

```
[root@master ~]# docker exec -it tomcat /bin/bash
root@7c15f7bddeb2:/usr/local/tomcat# ls
BUILDING.txt     README.md        conf             native-jni-lib   work
CONTRIBUTING.md  RELEASE-NOTES    include          temp
LICENSE          RUNNING.txt      lib              tomcat
NOTICE           bin              logs             webapps
root@7c15f7bddeb2:/usr/local/tomcat# cd webapps
root@7c15f7bddeb2:/usr/local/tomcat/webapps# ls
ROOT  docs  examples  host-manager  login  manager
root@7c15f7bddeb2:/usr/local/tomcat/webapps#
```

图2-47　查看文件是否复制成功

第七步，登录界面文件复制成功后，重新输入"IP + 端口号 + 文件路径"，出现如图2-1所示的效果，即说明项目页面部署成功。

至此，使用Tomcat镜像创建容器并发布登录界面完成。

通过Docker对应用程序构建及运行功能的实现，对Docker镜像的拉取和使用有了初步的了解，对Docker容器的构建、运行等相关操作有所了解，并能够应用所学的Docker镜像和容器的相关知识使用Tomcat镜像创建容器并发布项目。

root	根源	pull	拉
tag	标签	public	公共
image	图片	size	大小
latest	最新的	load	加载
input	输入	create	创建

1. 选择题

（1）镜像是一种（　　）存储形式,就好像照镜子一样,将与一份文件完全相同的副本存储在另一个地方。

　A. 物理　　　　　　B. 信息　　　　　　C. 文件　　　　　　D. 内容

（2）Docker 从公开仓库中拉取镜像的命令是"（　　）"。

　A. docker images　　B. docker pull　　　C. docker ps　　　　D. docker search

（3）使用"docker images"命令查看到的基本信息字段中代表创建时间的是（　　）。

　A. CREATE　　　　B. TIME　　　　　　C. REPOSITORY　　D. TAG

（4）容器的本质其实就是在镜像的基础上添加一个（　　）。

　A. 文件层　　　　　B. 可读写层　　　　　C. 写入层　　　　　D. 镜像层

（5）用来创建并启动容器的命令为"（　　）"。

　A. docker run　　　B. docker create　　　C. docker start　　　D. docker attach

2. 简答题

（1）简述 Docker 的镜像层次及结构。

（2）如何创建和运行一个容器？

项目三　Docker 基础之容器互联

通过 Docker 容器之间相互联系的实现，了解 Docker 数据管理的相关知识，熟悉使用数据卷进行数据存储，掌握 Docker 网络的相关配置，具有熟练使用互联机制实现 Docker 容器相互联系的能力，在任务实现过程中：

➢ 了解 Docker 数据管理的基本概念；
➢ 熟悉使用数据卷实现数据存储的操作；
➢ 掌握 Docker 网络的配置；
➢ 具有实现 Docker 容器相互联系的能力。

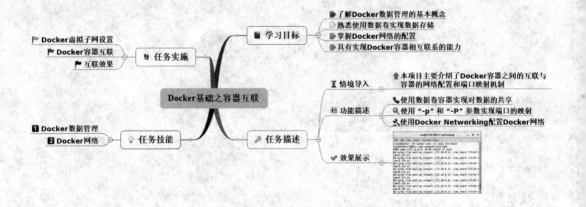

项目三 Docker 基础之容器互联

【情境导入】

使用 Docker 进行项目开发,很多时候需要多个容器协同工作。由于容器之间是相互独立的,如果想要协同工作,就必须实现容器之间的相互联系,只有容器之间有了联系的通道,才可以在一个容器中访问另一个容器。在 Docker 中,通过 Docker 网络的相关配置就可以实现容器的联通效果,以保证容器协同工作。本项目通过对 Docker 网络相关知识的讲解,实现 Docker 容器之间的相互联系。

【功能描述】

- 使用数据卷容器实现数据的共享;
- 使用"-p"和"-P"参数实现端口的映射;
- 使用 Docker Networking 配置 Docker 网络。

【效果展示】

通过对本任务的学习,使用 Docker 网络的相关知识完成容器之间的相互联系,效果如图 3-1 所示。

```
[root@master ~]# docker exec -it web1 /bin/bash
root@6cb4fc748bc1:/opt/webapp# ping web2
PING web2 (172.18.0.3) 56(84) bytes of data.
64 bytes from web2.my_network (172.18.0.3): icmp_seq=1 ttl=64 time=0.127 ms
64 bytes from web2.my_network (172.18.0.3): icmp_seq=2 ttl=64 time=0.210 ms
64 bytes from web2.my_network (172.18.0.3): icmp_seq=3 ttl=64 time=0.112 ms
64 bytes from web2.my_network (172.18.0.3): icmp_seq=4 ttl=64 time=0.112 ms
64 bytes from web2.my_network (172.18.0.3): icmp_seq=5 ttl=64 time=0.113 ms
64 bytes from web2.my_network (172.18.0.3): icmp_seq=6 ttl=64 time=0.132 ms
64 bytes from web2.my_network (172.18.0.3): icmp_seq=7 ttl=64 time=0.197 ms
64 bytes from web2.my_network (172.18.0.3): icmp_seq=8 ttl=64 t
```

图 3-1 效果图

技能点一　Docker 数据管理

使用 Docker 时，通常需要保存数据，或者在多个容器之间共享数据，这就涉及 Docker 容器的数据操作。目前主要有两种方法可以管理容器中的数据：数据卷和数据卷容器。

数据卷（Data Volume）：将容器中的数据直接映射到本地宿主机。

数据卷容器（Data Volume Container）：使用特定容器维护数据卷。

1. 数据卷

Docker 的镜像是一系列只读层的组合，启动一个容器时，Docker 加载镜像的所有只读层，并向顶层添加读写层。这种设计提高了 Docker 构建、存储和分发镜像的效率，节省了时间和存储空间，但也存在以下问题。

➢ 容器中的文件以复杂的形式存储在宿主机上，在宿主机上不便于访问容器中的文件。

➢ 多个容器之间的数据无法共享。

➢ 容器被删除，其产生的数据将丢失。

为了解决 Docker 在架构设计上的问题，引入了数据卷机制。数据卷可用于存储 Docker 应用的数据以及 Docker 容器之间共享的数据。简单来说，数据卷的存在非常简单，可以绕过默认的联合文件系统而以正常的文件或者目录的形式存在于宿主机中，即使被修改也不会影响镜像。使用 Docker 的数据卷可以实现以下功能。

➢ 在容器启动时，数据卷被初始化；当容器使用的镜像在挂载点存在数据，则数据会被拷贝到初始化后的数据卷中。

➢ 在不同的容器之间，数据卷可以被共享和重用。

➢ 数据卷可以在宿主和容器之间共享数据。

➢ 数据卷中的数据可在宿主机或容器内直接修改，修改完成后立即生效。

➢ 数据卷是持续性的，即使数据卷容器被删除，只要还有一个容器在使用该数据卷，数据就不会被删除。

➢ 数据卷可以持久化数据，容器运行期间产生的数据并不会保存到镜像中，重新用此镜像启动新的容器就会初始化镜像，会加一个全新的读写层来保存数据。

Docker 提供了一些用于操作数据卷的相关命令，通过这些命令可以完成数据卷的创建、查看、删除等操作。部分数据卷操作命令如表 3-1 所示。

表 3-1 部分数据卷操作命令

命令	描述
docker volume create	创建一个数据卷
docker volume ls	查看数据卷
docker volume inspect	显示一个或多个数据卷的详细信息
docker volume rm	删除一个或多个数据卷
docker volume prune	删除所有未使用的本地数据卷

下面详细讲解操作数据卷的相关命令的使用。

(1) docker volume create

"docker volume create"命令用于创建一个数据卷。在容器中,要想使用数据卷对数据进行持久化操作,需要事先进行数据卷的创建。"docker volume create"命令包含的部分参数如表 3-2 所示。

表 3-2 "docker volume create"命令包含的部分参数

参数	描述
--driver , -d	指定数据卷驱动程序的名称
--label	设置数据卷的元数据
--name	指定数据卷的名称
--opt , -o	设置驱动程序的特定选项

使用"docker volume create"命令创建一个名为"myvolume"的数据卷,命令如下所示。

```
docker volume create myvolume
```

效果如图 3-2 所示。

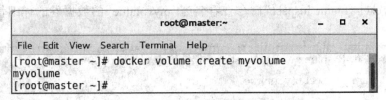

图 3-2 创建数据卷

(2) docker volume ls

"docker volume ls"命令用于查看当前的数据卷。数据卷创建完成后,可以使用数据卷查看命令进行数据卷创建情况的判断,查看所有数据卷的列表。"docker volume ls"命令包含的部分参数如表 3-3 所示。

表 3-3 "docker volume ls"命令包含的部分参数

参数	描述
--filter , -f	提供过滤值
--format	使用 Go 模板打印数据卷
--quiet , -q	仅显示数据卷的名称

使用"docker volume ls"命令查看数据卷,命令如下所示。

```
docker volume ls
```

效果如图 3-3 所示。

图 3-3　查看数据卷

(3) docker volume inspect

"docker volume inspect"命令用于查看数据卷的详细信息。数据卷创建成功后,可以通过数据卷的名称查看数据卷的详细信息。"docker volume inspect"命令包含的部分参数如表 3-4 所示。

表 3-4 "docker volume inspect"命令包含的部分参数

参数	描述
--format , -f	使用给定的 Go 模板格式化输出

使用"docker volume inspect"命令查看名为"myvolume"的数据卷的详细信息,命令如下所示。

```
docker run -d -P --name web -v /webapp training/webapp python app.py
docker volume inspect myvolume
```

效果如图 3-4 所示。

项目三　Docker 基础之容器互联

```
[root@master ~]# docker volume inspect myvolume
[
    {
        "CreatedAt": "2018-11-15T09:00:27+08:00",
        "Driver": "local",
        "Labels": {},
        "Mountpoint": "/var/lib/docker/volumes/myvolume/_data",
        "Name": "myvolume",
        "Options": {},
        "Scope": "local"
    }
]
[root@master ~]#
```

图 3-4　查看数据卷的详细信息

（4）docker volume rm

"docker volume rm"命令用于删除处于静止状态的数据卷。若一个数据卷并没有被任何容器使用而处于停止状态，并且以后也不会被使用，就需要使用"docker volume rm"命令通过数据卷的名称进行数据卷的删除。"docker volume rm"命令包含的部分参数如表 3-5 所示。

表 3-5　"docker volume rm"命令包含的部分参数

参数	描述
--force , -f	强制删除一个或多个数据卷

使用"docker volume rm"命令删除名为"myvolume"的数据卷，命令如下所示。

```
docker volume rm myvolume
```

效果如图 3-5 所示。

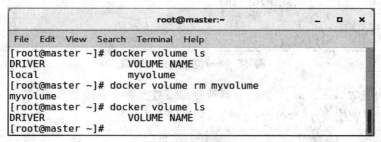

图 3-5　删除数据卷

以上都是简单的数据卷操作，实际上数据卷是通过挂载的方式在容器中使用的，只需要在容器创建命令中使用参数"-v"就能在创建容器时挂载数据卷。启动容器并挂载数据卷的命令如下所示。

```
// 创建一个名为"web"的容器,之后将数据卷加载到容器的"/webapp"目录中
docker run -d -P --name web -v /webapp training/webapp python app.py
```

效果如图 3-6 所示。

图 3-6 启动容器并挂载数据卷

启动容器并挂载数据卷后,Docker 提供了一个信息查看命令"docker disconnect"用于查看容器的详细信息。该命令执行后会返回很多信息,其中"Mounts"代表数据卷的信息。命令如下所示。

```
// 查看容器的详细信息,"web"为创建容器时设置的名称
docker disconnect web
```

效果如图 3-7 所示。

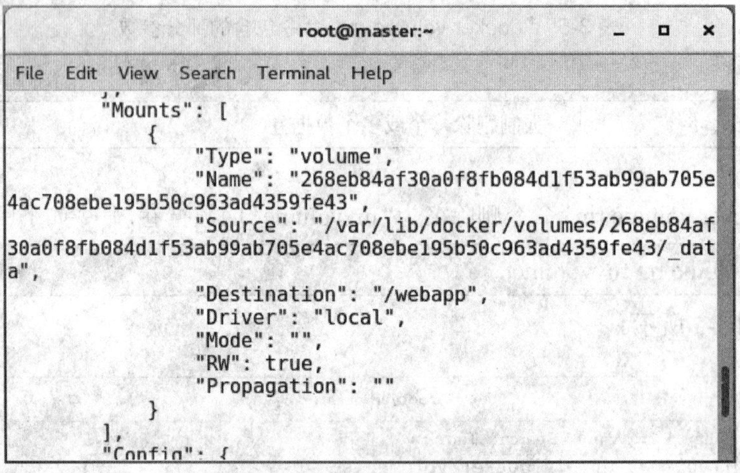

图 3-7 查看容器的详细信息

数据卷的生命周期独立于容器,容器被删除后数据卷不会被删除,如果想在删除容器时删除数据卷可以使用命令"docker rm -v"。命令如下所示。

```
// 在删除容器时删除数据卷,其中"43ff7fbd0ab6"为容器的 ID
docker rm -v 43ff7fbd0ab6
```

效果如图 3-8 所示。

项目三 Docker 基础之容器互联 65

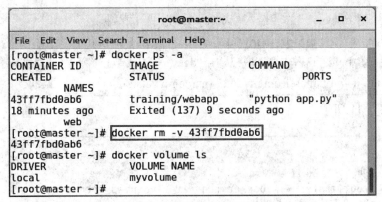

图 3-8 同时删除容器和数据卷

2. 数据卷容器

数据卷可以实现数据的存储，但只能针对挂载这个数据卷的容器，若多个容器之间想共享一些持续更新的数据，将无法继续使用数据卷，这时可以使用数据卷容器来共享数据。数据卷容器与普通容器没有区别，只是专门用来提供供其他容器挂载的数据卷。

数据卷容器的使用非常简单，只需要几步即可实现数据的共享，步骤如下。

第一步，使用容器创建命令创建一个数据卷容器，并挂载数据卷。命令如下所示。

```
// 创建名为"mydata"的容器，并将数据卷挂载到 data 中
docker run -it --name mydata -v /data ubuntu
```

效果如图 3-9 所示。

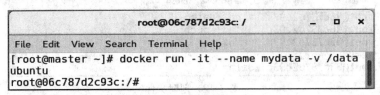

图 3-9 创建数据卷容器

第二步，查看"mydata"的目录，看是否存在 data 文件夹，判断数据卷是否挂载完成。目录如图 3-10 所示。

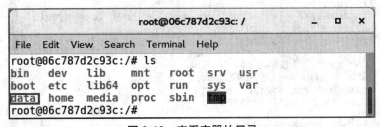

图 3-10 查看容器的目录

第三步，再创建两个容器，然后使用"--volumes-from"参数挂载"mydata"提供的数据卷。命令如下所示。

> // 创建名为"mydata1"的容器,并从"mydata"中挂载数据卷
> docker run -it --volumes-from mydata --name mydata1 ubuntu
> // 创建名为"mydata2"的容器,并从"mydata"中挂载数据卷
> docker run -it --volumes-from mydata --name mydata2 ubuntu

效果如图 3-11 所示。

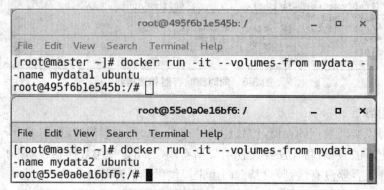

图 3-11 创建容器并挂载"mydata"中的数据卷

第四步,验证数据卷是否已成功挂载,在名为"mydata"的容器中新建一个文件,如图 3-12 所示,之后在名为"mydata1"的容器中查看,如图 3-13 所示。

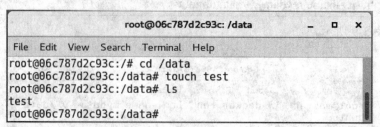

图 3-12 创建文件

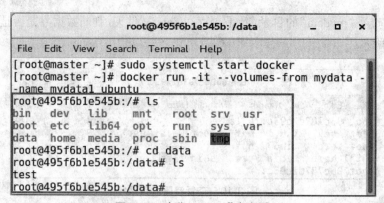

图 3-13 在"mydata1"中查看

通过图 3-12 和图 3-13 可以看出,由于数据共享,"mydata1"中同样存在在"mydata"中创建的文件夹"test"。

对 Docker 的学习已经进行了 1/3，相信同学们已对 Docker 有了初步了解。在紧张的学习过程中，同学们也要学会适当放松，扫描下方的二维码放松一下吧。

技能点二　Docker 网络

1. 端口映射实现容器访问

在 Docker 中，可以使用"-p"和"-P"参数来实现端口映射。使用不同的参数可以定义不同的端口映射情况："-p"用来指定映射端口，一个指定端口只能绑定一个容器；"-P"将容器内部开放的网络端口随机映射到主机端口上。

（1）随机端口映射

通过所有端口的映射，可以将容器内的端口映射到主机随机端口上，且端口之间不会发生冲突，命令如下所示。

```
docker run -P -d --name mynginx nginx
```

效果如图 3-14 所示。

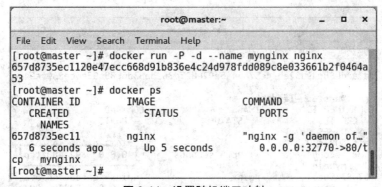

图 3-14　设置随机端口映射

之后在浏览器中输入"本地 IP 地址 + 端口号"查看，效果如图 3-15 所示。

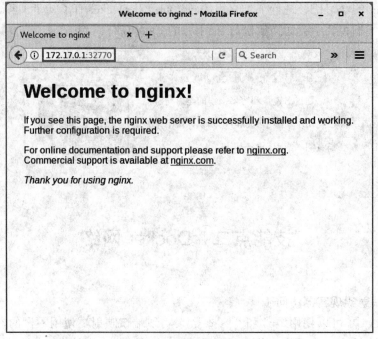

图 3-15 随机端口映射页面

（2）指定端口指定映射

采用随机端口映射的方式不利于管理员对端口功能的管理，为了方便管理员的管理，可以将指定的端口映射到宿主机的某一个端口上。指定端口指定映射命令如下所示。

```
// 将容器的 80 端口映射到宿主机的 92 端口上
docker run -d -p 92:80 --name mynginx1 nginx
```

效果如图 3-16 所示。

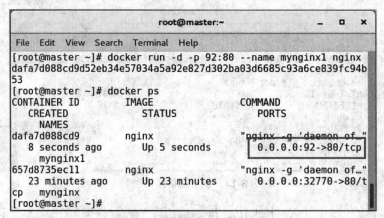

图 3-16 设置指定端口指定映射

进行页面效果的验证，效果如图 3-17 所示。

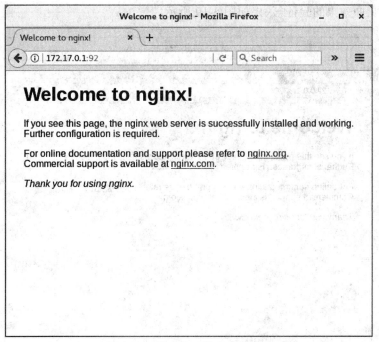

图 3-17 指定端口指定映射页面

（3）IP 和端口随机映射

除了单纯地使用端口进行映射，还可以将容器的 IP 和端口号组合进行映射，其安全系数相较于端口映射更高。IP 和端口随机映射命令如下所示。

```
// 将容器的 IP 127.0.0.1 和 80 端口随机映射到宿主机
docker run -d -p 127.0.0.1::80 --name mynginx2 nginx
```

效果如图 3-18 所示。

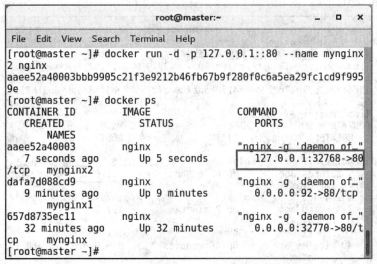

图 3-18 设置 IP 和端口随机映射

进行页面效果的验证,效果如图 3-19 所示。

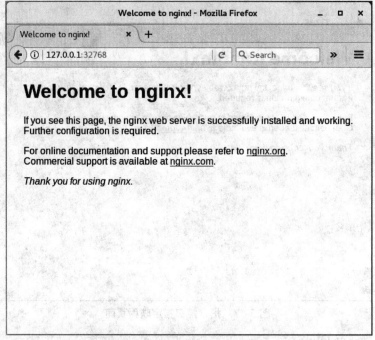

图 3-19　IP 和端口随机映射页面

（4）IP 和端口指定映射

上面几种方法都能实现映射,但安全级别都存在一定的问题,安全系数最高的是 IP 和端口指定映射。IP 和端口指定映射命令如下所示。

```
// 将容器的 IP 127.0.0.1 和 80 端口映射到宿主机的 92 端口上
docker run -d -p 127.0.0.1:92:80 --name mynginx3 nginx
```

效果如图 3-20 所示。

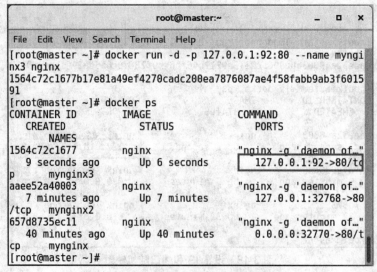

图 3-20　设置 IP 和端口指定映射

进行页面效果的验证,效果如图 3-21 所示。

图 3-21 IP 和端口指定映射页面

如果想查看映射端口的配置情况,可以使用"docker port"命令,该命令也可用于查看绑定的地址。命令如下所示。

```
// 查看容器"mynginx3"映射端口的情况
docker port mynginx3
```

效果如图 3-22 所示。

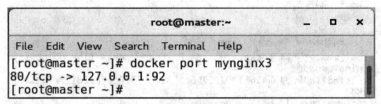

图 3-22 查看容器映射端口的情况

除了使用"docker port"命令查看映射端口的信息外,还可以使用"docker inspect"命令查看具体信息。

2. 互联机制实现便捷互访

要实现多个 Docker 容器交互,除了使用端口映射外,还可以采用容器连接的方式。容器连接需要容器的名称,在源容器和接收容器之间建立通道,可以在接收容器中查看关于源容器的一些信息。容器连接使用的是"--link"参数,而没有使用"-p"和"-P"参数,避免了端口暴露的问题。但容器连接只能实现单机容器之间的互联,在有多个宿主机的情况下,需要采用其他方式。下面主要针对容器连接方法进行讲解。实现容器连接的步骤如下。

第一步,自定义容器的名称。容器连接需要依靠容器的名称才能实现,启动容器时若不指定容器的名称,Docker 会自动生成一个名称,这个自动生成的名称比较复杂,不便于记忆,因此通常使用"--name"参数自定义一个比较形象的名称(注意,同一台宿主机中不允许出现同名容器)。自定义容器名称的命令如下所示。

```
// 创建名为"db"的容器
docker run -d --name db training/postgres
```

效果如图 3-23 所示。

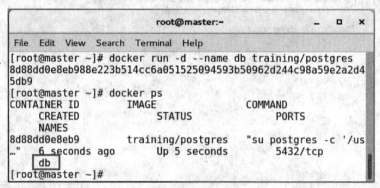

图 3-23　创建容器

第二步,再创建一个容器,然后使用"--link"参数实现容器间的安全互联。命令如下所示。

```
// 创建名为"web"的容器并连接名为"db"的容器
docker run -d -P --name web --link db:db training/webapp
```

效果如图 3-24 所示。

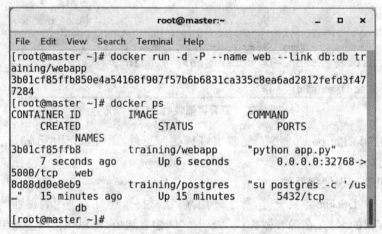

图 3-24　创建容器"web"并连接容器"db"

第三步,进入"web"容器查看关于"db"容器的 link 信息。命令如下所示。

项目三　Docker 基础之容器互联

> // 进入名为 "web" 的容器
> docker exec -it web /bin/bash
> // 查看环境变量，以 "DB_" 开头的环境变量就是 "web" 容器连接 "db" 容器时使用的 env

效果如图 3-25 所示。

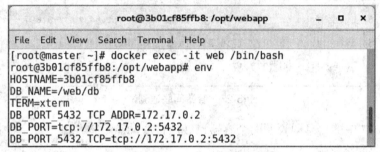

图 3-25　进入 "web" 容器并查看环境变量

除了使用环境变量查看信息外，Docker 还提供了一个名为 "hosts" 的文件用于存储连接的相关信息，如图 3-26 所示。

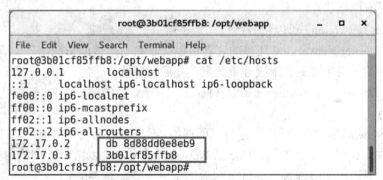

图 3-26　查看 "hosts" 文件的内容

第四步，使用 "ping" 命令进行容器间联通的测试，命令如下所示。

> ping db

效果如图 3-27 所示。

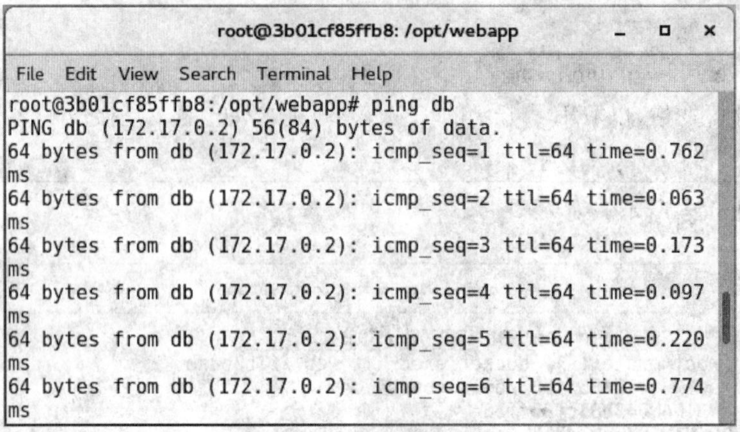
root@3b01cf85ffb8: /opt/webapp
File Edit View Search Terminal Help
root@3b01cf85ffb8:/opt/webapp# ping db
PING db (172.17.0.2) 56(84) bytes of data.
64 bytes from db (172.17.0.2): icmp_seq=1 ttl=64 time=0.762 ms
64 bytes from db (172.17.0.2): icmp_seq=2 ttl=64 time=0.063 ms
64 bytes from db (172.17.0.2): icmp_seq=3 ttl=64 time=0.173 ms
64 bytes from db (172.17.0.2): icmp_seq=4 ttl=64 time=0.097 ms
64 bytes from db (172.17.0.2): icmp_seq=5 ttl=64 time=0.220 ms
64 bytes from db (172.17.0.2): icmp_seq=6 ttl=64 time=0.774 ms

图 3-27 容器间联通测试

出现图 3-27 中的信息即说明两个容器已经连接成功。

3. Docker 网络配置

采用端口映射的方式开放容器的内部网络不够灵活、强大，并且会将端口暴露给外部网络。容器连接和 Docker Networking 是两种更好的处理方式，其中前者在 Docker 1.9 之前的版本中被推荐，后者在 Docker 1.9 及之后的版本中更受欢迎。相对于容器连接来说，Docker Networking 具有以下优点。

- Docker Networking 可以将容器连接到不同主机上的容器。
- 采用 Docker Networking 连接的容器可以在不更新连接的情况下停止、启动或重启。更新容器之间的网络需要更新配置并重新启动相应的容器。
- 使用 Docker Networking 可获取在网络中的容器名的解析和发现，而无须担心容器是否正在运行。

Docker Networking 允许用户创建自己的网络，不同容器之间可以通过这些网络相互通信。与端口映射和容器互联不同，Docker Networking 允许容器跨越不同的主机通信，并且网络配置更加灵活。Docker Networking 包含的部分命令如表 3-6 所示。

表 3-6 Docker Networking 包含的部分命令

命令	描述
docker network ls	查看网络
docker network create	创建一个网络
docker network inspect	显示一个或多个网络的详细信息
docker network connect	将容器连接到网络
docker network disconnect	断开容器与网络的连接
docker network rm	删除一个或多个网络
docker network prune	删除所有未使用的网络

以下为 Docker Networking 相关命令的使用说明。

(1) docker network ls

"docker network ls"命令用于查看当前的网络。Docker 安装完成后,在默认情况下会自动创建三个网络,这时可使用"docker network ls"命令进行网络的查看。"docker network ls"命令包含的部分参数如表 3-7 所示。

表 3-7 "docker network ls"命令包含的部分参数

参数	描述
--filter , -f	提供过滤值
--format	使用 Go 模板打印网络
--no-trunc	不要截断输出
--quiet , -q	仅显示网络的 ID

使用"docker network ls"命令查看网络,命令如下所示。

```
docker network ls
```

效果如图 3-28 所示。

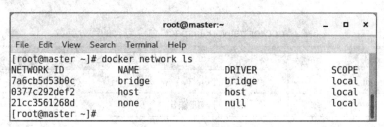

图 3-28 查看网络

(2) docker network create

"docker network create"命令用于创建网络。使用"docker network ls"命令查看的网络是 Docker 默认生成的,但在实际操作中需要使用"docker network create"命令手动创建网络。"docker network create"命令包含的部分参数如表 3-8 所示。

表 3-8 "docker network create"命令包含的部分参数

参数	描述
--aux-address	网络驱动程序使用的辅助 IPv4 或 IPv6 地址
--config-from	从中复制配置的网络
--internal	限制对网络的外部访问
--label	在网络上设置元数据
--scope	控制网络的范围
--subnet	CIDR 格式的子网,代表网段

使用"docker network create"命令创建一个名为"my_network"的网络,命令如下所示。

docker network create my_network

网络创建完成后,使用网络查看命令查看网络列表中是否存在刚刚创建的网络,存在则说明创建成功,结果如图 3-29 所示。

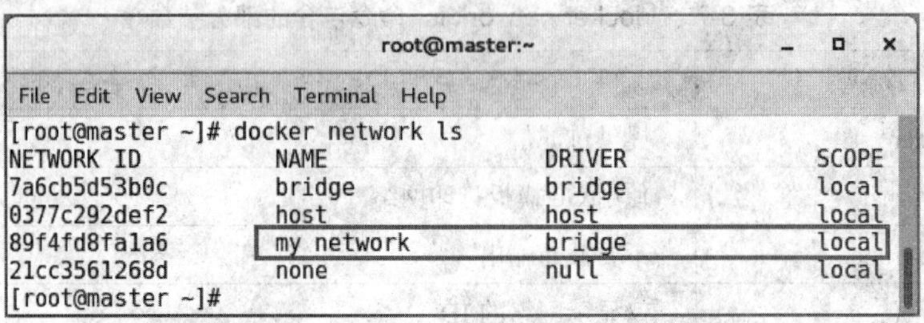

图 3-29　查看网络

(3) docker network inspect

"docker network inspect"命令用于查看网络的详细信息。网络创建成功后,使用"docker network inspect"命令能得到以 JSON 对象的形式返回的有关当前网络的详细信息,包括网络的名称、ID、范围等。"docker network inspect"命令包含的部分参数如表 3-9 所示。

表 3-7　"docker network inspect"命令包含的部分参数

参数	描述
--format, -f	使用给定的 Go 模板格式化输出
--verbose, -v	用于诊断的详细输出

使用"docker network inspect"命令查看名为"my_network"的网络的详细信息,命令如下所示。

docker network inspect my_network

效果如图 3-30 所示。

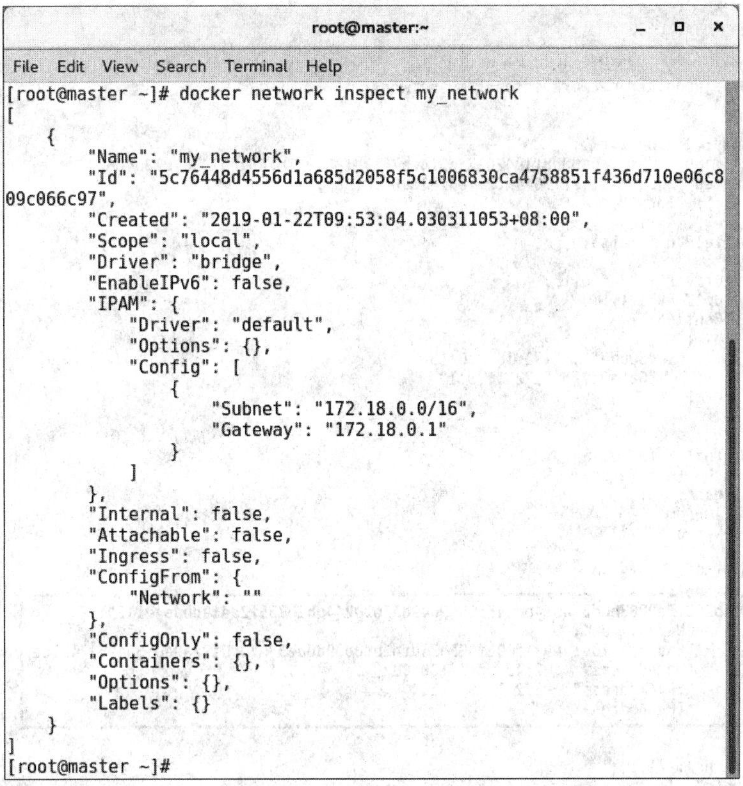

图 3-30 查看网络的详细信息

（4）docker network connect

成功创建网络后，可以使用"--network"参数指定容器使用的网络，这个网络不管是刚刚创建的还是 Docker 默认生成的都可以指定，命令如下所示。

```
// 创建名为"db"的容器并连接到"my_network"网络
docker run -d --name db --network=my_network training/postgres
```

效果如图 3-31 所示。

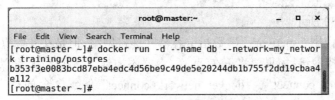

图 3-31 创建容器并连接到网络

然后使用网络信息查看命令进行查看，会看到信息中包含刚刚创建的容器，结果如图 3-32 所示。

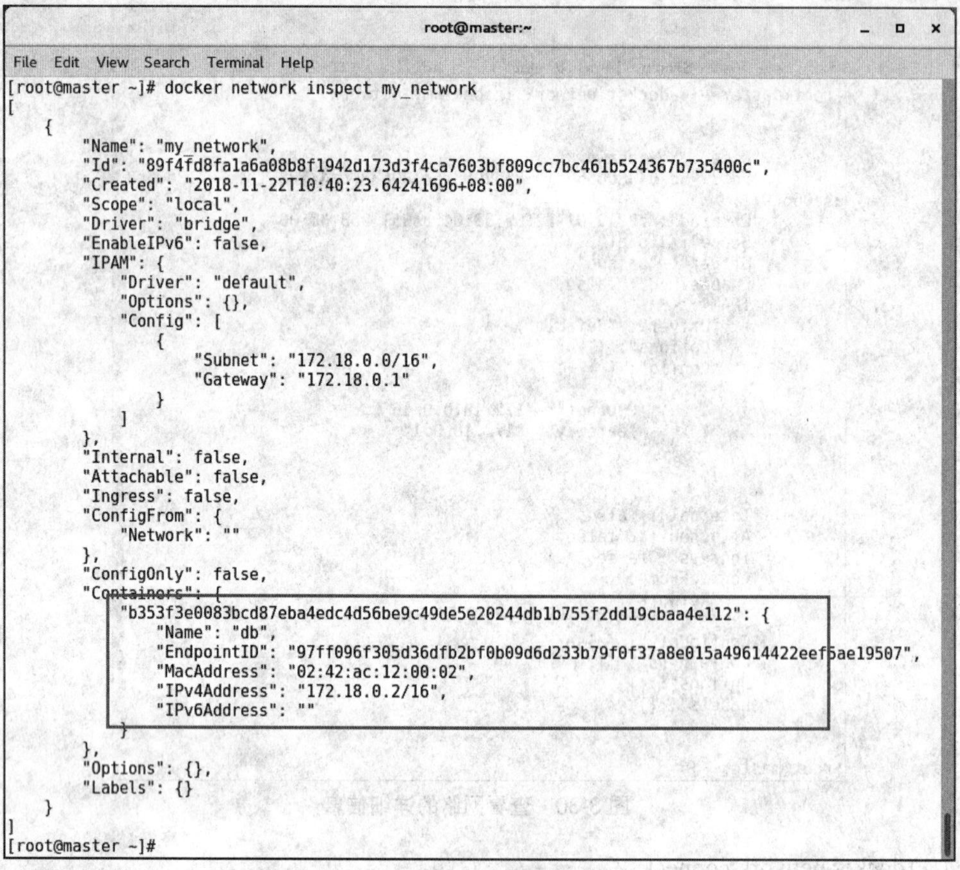

```
[root@master ~]# docker network inspect my_network
[
    {
        "Name": "my_network",
        "Id": "89f4fd8fa1a6a08b8f1942d173d3f4ca7603bf809cc7bc461b524367b735400c",
        "Created": "2018-11-22T10:40:23.64241696+08:00",
        "Scope": "local",
        "Driver": "bridge",
        "EnableIPv6": false,
        "IPAM": {
            "Driver": "default",
            "Options": {},
            "Config": [
                {
                    "Subnet": "172.18.0.0/16",
                    "Gateway": "172.18.0.1"
                }
            ]
        },
        "Internal": false,
        "Attachable": false,
        "Ingress": false,
        "ConfigFrom": {
            "Network": ""
        },
        "ConfigOnly": false,
        "Containers": {
            "b353f3e0083bcd87eba4edc4d56be9c49de5e20244db1b755f2dd19cbaa4e112": {
                "Name": "db",
                "EndpointID": "97ff096f305d36dfb2bf0b09d6d233b79f0f37a8e015a49614422eef5ae19507",
                "MacAddress": "02:42:ac:12:00:02",
                "IPv4Address": "172.18.0.2/16",
                "IPv6Address": ""
            }
        },
        "Options": {},
        "Labels": {}
    }
]
[root@master ~]#
```

图 3-32 查看网络信息

再创建一个容器，也连接到相同的网络，命令如下所示。

> // 创建名为"db1"的容器，连接到"my_network"网络后进入容器
> docker run -t -i --name db1 --network=my_network training/webapp /bin/bash
> // 在"db1"容器中测试是否可以连接到"db"容器
> ping db

效果如图 3-33 所示。

创建时可以使用"--network"参数指定容器并连接网络，但是在实际操作中很多人都是先创建容器再连接网络；如果要将正在运行的容器添加到现有网络中，可以使用连接网络命令"docker network connect"。"docker network connect"命令包含的部分参数如表 3-10 所示。

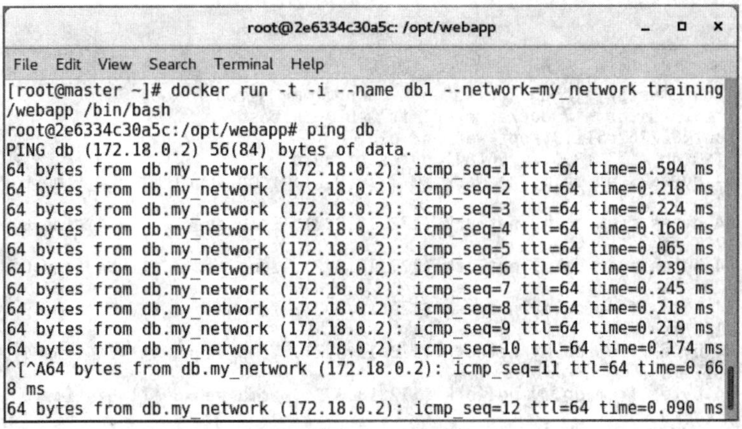

图 3-33 连接网络成功页面

表 3-10 "docker network connect"命令包含的部分参数

参数	描述
--alias	为容器添加网络范围的别名
--ip	IPv4 地址
--ip6	IPv6 地址
--link	添加链接到另一个容器
--link-local-ip	为容器添加链接本地地址

在使用"docker network connect"命令之前,需要创建并运行容器,效果如图 3-34 所示。

图 3-34 创建容器

使用"docker network connect"命令将刚刚创建的容器连接到前面创建的网络,命令如下所示。

```
// 将名为"web"的容器连接到"my_network"网络
docker network connect my_network web
// 进入"web"容器
docker exec -it web /bin/bash
// 测试是否可以连接到"db"容器
ping db
```

效果如图 3-35 所示。

```
[root@master ~]# docker network connect my_network web
[root@master ~]# docker exec -it web /bin/bash
root@0222b2c511f3:/opt/webapp# ping db
PING db (172.18.0.2) 56(84) bytes of data.
64 bytes from db.my_network (172.18.0.2): icmp_seq=1 ttl=64 time=0.193 ms
64 bytes from db.my_network (172.18.0.2): icmp_seq=2 ttl=64 time=0.271 ms
64 bytes from db.my_network (172.18.0.2): icmp_seq=3 ttl=64 time=0.204 ms
64 bytes from db.my_network (172.18.0.2): icmp_seq=4 ttl=64 time=0.153 ms
64 bytes from db.my_network (172.18.0.2): icmp_seq=5 ttl=64 time=0.317 ms
64 bytes from db.my_network (172.18.0.2): icmp_seq=6 ttl=64 time=0.148 ms
64 bytes from db.my_network (172.18.0.2): icmp_seq=7 ttl=64 time=0
```

图 3-35 测试联通情况

（5）docker network disconnect

"docker network disconnect"命令用于断开容器与网络的连接。当一个容器不需要与外界容器连接时，可以使用断开网络的命令切断其与其他容器的连接，之后如果需要重新连接可以使用连接命令进行连接。"docker network disconnect"命令包含的部分参数如表 3-11 所示。

表 3-11 "docker network disconnect"命令包含的部分参数

参数	描述
--force, -f	强制容器与网络断开连接

使用"docker network disconnect"命令使容器与网络断开连接，命令如下所示。

```
// 断开名为"web"的容器与"my_network"网络之间的连接
docker network disconnect my_network web
docker exec -it web /bin/bash
ping db
```

效果如图 3-36 所示。

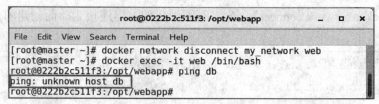

图 3-36 断开连接

（6）docker network rm

"docker network rm"命令用于删除网络。若不需要某个网络了，可以使用"docker network rm"命令通过名称或 ID 将该网络删除，命令如下所示。

```
// 删除“my_network”网络
docker network rm my_network
```

效果如图 3-37 所示。

root@master:~
File Edit View Search Terminal Help

```
[root@master ~]# docker network rm my_network
my_network
[root@master ~]# docker network ls
NETWORK ID          NAME                DRIVER              SCOPE
7a6cb5d53b0c        bridge              bridge              local
0377c292def2        host                host                local
21cc3561268d        none                null                local
[root@master ~]#
```

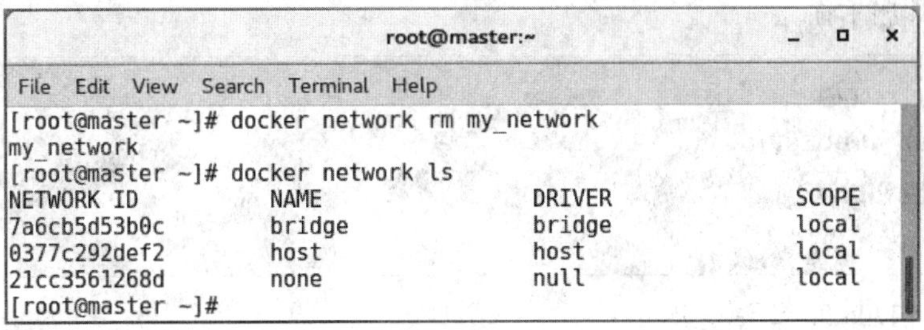

图 3-37　删除网络

4. 高级网络配置

采用上面的两种方式可以很容易地实现容器之间的交互，除了这两种方式外，还可以通过高级网络配置进行交互。高级网络可以通过网桥实现容器之间的交互。

Docker 启动时会在主机上创建一个名为“docker0”的虚拟网络接口，它实际上是 Linux 的一个桥，可以理解为一个软件交换机，用于实现网络端口之间数据包的转发，并从 RFC 1918 定义的私有地址中随机分配一个本地未占用的私有网段给 docker0。

但是 docker0 不是一个普通的网络接口，它实际上是一个虚拟的以太网桥，可以自动在绑定到此的网卡间实现数据包的转发，从而允许容器与主机通信。Docker 每创建一个容器，都会创建一对对等接口（peer interface），这对接口类似于管道的两端，当一个接口接收到数据包时，相同的数据包也会被另一个接口所接收。Docker 将对等接口中的一端作为 eth0 接口连接到容器上，另一端将所有 veth* 接口绑定到 docker0 桥接网卡上。Docker 网络如图 3-38 所示。

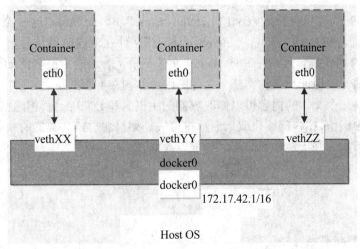

图 3-38　Docker 网络

Docker 高级网络配置相较于上面两种方式来说比较烦琐，但安全性和效率很高。

Docker 高级网络配置如下。

（1）自定义主机名和 DNS 配置

在 Docker 中，容器没有专用的自定义镜像，如果需要自定义容器的主机名和 DNS 配置，可以通过将虚拟文件挂载到容器的相关配置文件实现。在自定义前需要在容器中查看挂载信息，命令如下所示。

```
// 创建容器并进入
docker run -it ubuntu
// 查看挂载信息
mount
```

查看挂载信息，如图 3-39 所示。

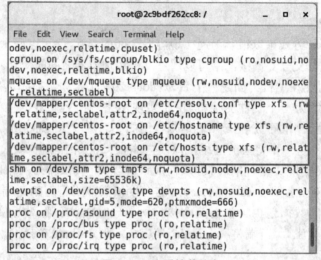

图 3-39　查看挂载信息

通过图 3-39 中的"/etc/resolv.conf""/etc/hostname"和"/etc/hosts"这三个挂载文件可以维护容器的主机名和 DNS。其中，"/etc/resolv.conf"文件在创建时默认与宿主机的"/etc/resolv.conf"文件内容保持一致，"/etc/hostname"文件记录了容器的主机名，"/etc/hosts"文件默认记录了容器的一些地址和名称。三个文件的内容如图 3-40 所示。

通过编辑这三个文件的内容可以修改容器的主机名和 DNS 配置，但这些修改都只是临时在运行容器中保留，在容器终止或重启后将消失。如果想自定义容器的相关配置，在容器创建和启动时添加一些指定参数即可。指定参数如表 3-12 所示。

项目三 Docker 基础之容器互联

图 3-40 三个文件的内容

表 3-12 自定义容器的相关配置参数

指定参数	意义
-h hostname --hostname=hostname	设定容器的主机名,可以在"/etc/hostname"和"/etc/hosts"文件中查看
--link=container_name:ALIAS	将连接容器的主机名添加到容器的"/etc/hosts"文件中
--dns=IP_ADDRESS	将 DNS 服务器添加到容器的"/etc/resolv.conf"文件中
--dns-search=DOMAIN	设定容器的搜索域

使用"--dns"参数给上述容器添加一个 DNS 服务器到"/etc/resolv.conf"文件中,命令如下所示。

```
docker run -it --dns=114.114.114.114 ubuntu
```

效果如图 3-41 所示。

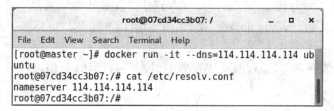

图 3-41 添加 DNS 服务器

(2) 容器访问控制

在 Linux 系统中,容器访问控制是通过 iptables 防火墙软件实现的。在容器中,如果要通过主机访问外部网络,则需要依赖主机的转发机制。在使用转发机制时需要确定其是否已经开启,检查命令如下所示。

```
sysctl net.ipv4.ip_forward
```

效果如图 3-42 所示。

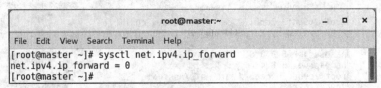

图 3-42　检查转发机制是否开启

如果返回的结果为 0，说明转发机制没有开启，需要通过手动的方式打开，命令如下所示。

```
sysctl -w net.ipv4.ip_forward=1
```

效果如图 3-43 所示。

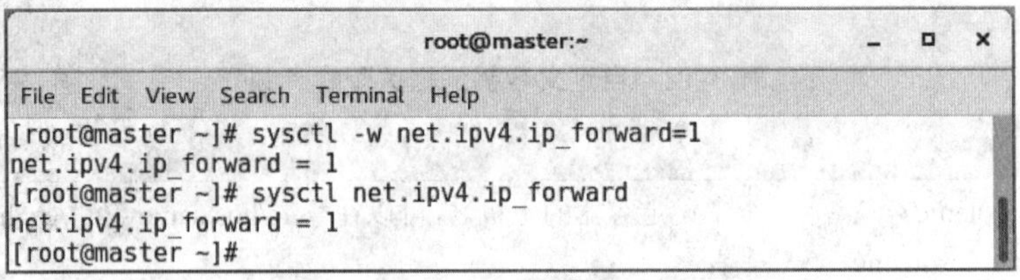

图 3-43　开启转发机制

除了检查完成后再操作转发，还可以在 Docker 服务启动时进行设置。不管转发机制是否开启，都可以使用"--ip-forward=true"参数将 Docker 服务设置为自动打开主机系统的转发服务。

通过 iptables 防火墙软件除了可以访问外部网络外，还可以实现容器之间相互访问，但需要以下两方面的支持。

> 容器的网络拓扑已经互联。
> 本地系统的 iptables 防火墙软件允许访问。

启动 Docker 服务时，在默认情况下会将一条"允许"转发策略添加到 iptables 的 FORWARD 链中，并可以通过配置"--icc=true | false"参数控制策略的通过 / 禁止。此外，出于安全的考虑，可以在"/etc/default/docker"文件中配置"DOCKER_OPTS=--icc=false"以禁止容器之间互通。

尽管禁止了容器之间互通，但不代表着绝对不能进行访问，仍可以通过"--link"指定参数实现容器之间的交互。

（3）配置网桥

Docker 启动后会默认创建一个 docker0 网桥，网桥上有一个 docker0 内部接口，通过这个网桥可以在内核层联通其他物理网络或虚拟网卡，所有容器和本地主机都可以放在同一个物理网络中实现相互访问。

目前，Docker 网桥可以被看成 Linux 网桥，用户只需使用"brctl show"命令即可查看网桥和端口连接信息，效果如图 3-44 所示。

项目三 Docker 基础之容器互联

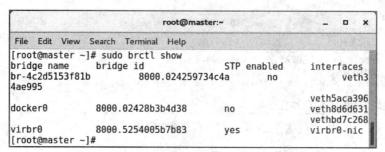

图 3-44 查看网桥和端口连接信息

每创建一个新容器,容器的 eth0 端口就会被分配一个 Docker 从可用的地址段中选择的空闲 IP 地址。本地主机上 docker0 接口的 IP 地址成为容器的默认网关的过程如下。

第一步,创建一个容器,命令如下所示。

```
docker run -t -i --name web training/webapp /bin/bash
```

效果如图 3-45 所示。

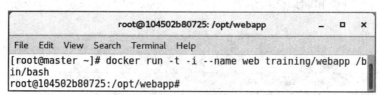

图 3-45 创建容器

第二步,显示 eth0 的 IP 地址,命令如下所示。

```
ip addr show eth0
```

效果如图 3-46 所示。

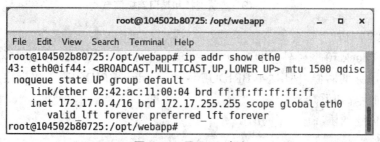

图 3-46 显示 IP 地址

第三步,查看路由信息,命令如下所示。

```
ip route
```

效果如图 3-47 所示。

图 3-47　查看路由信息

第四步，退出容器，效果如图 3-48 所示。

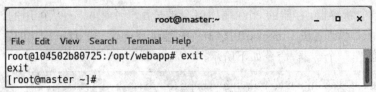

图 3-48　退出容器

第五步，查看网桥和端口连接信息，会看到在 docker0 后面添加了一个新的接口。效果如图 3-49 所示。

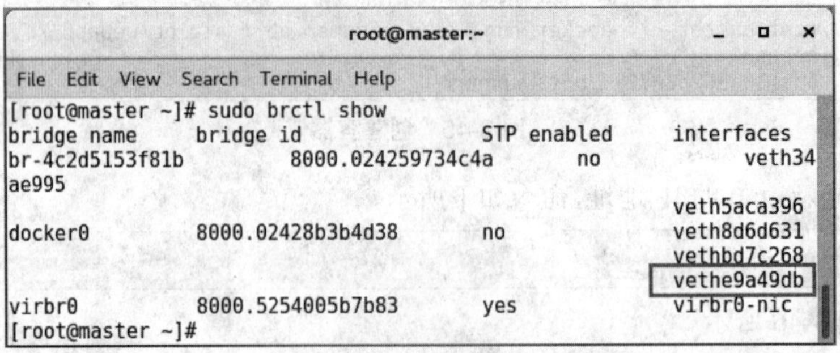

图 3-49　查看网桥和端口连接信息

（4）自定义网桥

除默认的 docker0 网桥外，用户还可采用自定义网桥的方式实现各个容器的连接。在启动 Docker 服务的时候，使用"-b BRIDGE"或"--bridge=BRIDGE"参数指定使用的网桥。自定义网桥的步骤如下。

第一步，创建网桥，命令如下所示。

```
// 添加网桥
sudo brctl addbr bridge0
// 配置网桥的 IP 地址
sudo ip addr add 192.168.2.1/24 dev bridge0
// 启动网桥
sudo ip link set dev bridge0 up
```

效果如图 3-50 所示。

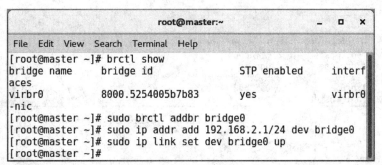

图 3-50 创建网桥

第二步，查看并确认网桥已创建成功且启动，命令如下所示。

// 查看网桥信息
ip addr show bridge0

效果如图 3-51 所示。

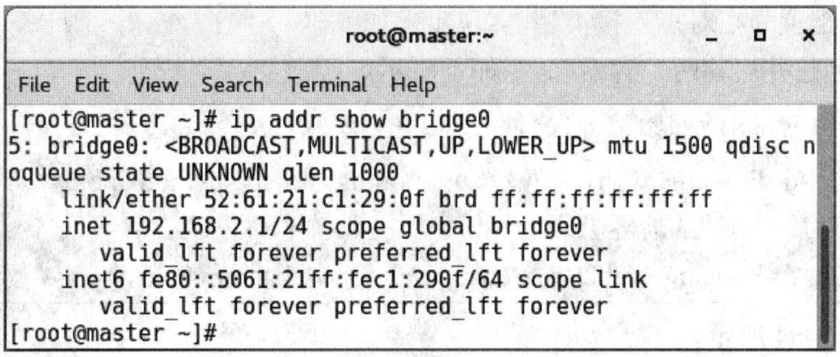

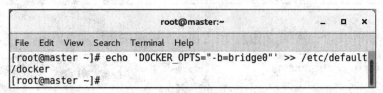

图 3-51 查看并确认网桥已创建成功且启动

第三步，配置 Docker 服务，默认桥接到创建的网桥上，命令如下所示。

echo 'DOCKER_OPTS="-b=bridge0"' >> /etc/default/docker

效果如图 3-52 所示。

图 3-52 配置 Docker 服务

第四步，查看网桥和端口连接信息，效果如图 3-53 所示。

图 3-53　查看网桥和端口连接信息

任务实施

在默认情况下，docker0 会提供虚拟子网供 Docker 中的所有容器连接。有时用户需要两个容器直连通信，而无须通过主桥桥接。解决办法很简单：创建一对对等接口，然后放到两个容器中并配置为点对点连接类型，实现步骤如下。

第一步，创建并启动两个容器，命令如下所示。

```
// 创建名为"web1"的容器并运行
docker run -d -P --name web1 -v /webapp training/webapp python app.py
// 创建名为"web2"的容器并运行
docker run -d -P --name web2 -v /webapp training/webapp python app.py
```

效果如图 3-54 所示。

第二步，通过容器的 ID 查找进程号，命令如下所示。

```
// 查找"web1"容器的进程号
docker inspect -f '{{.State.Pid}}' afbc286c7fea
// 查找"web2"容器的进程号
docker inspect -f '{{.State.Pid}}' 699009e010ba
```

效果如图 3-55 所示。

第三步，创建网络命名空间的跟踪文件，命令如下所示。

```
sudo mkdir -p /var/run/netns
sudo ln -s /proc/7539/ns/net /var/run/netns/7539
sudo ln -s /proc/7619/ns/net /var/run/netns/7619
```

效果如图 3-56 所示。

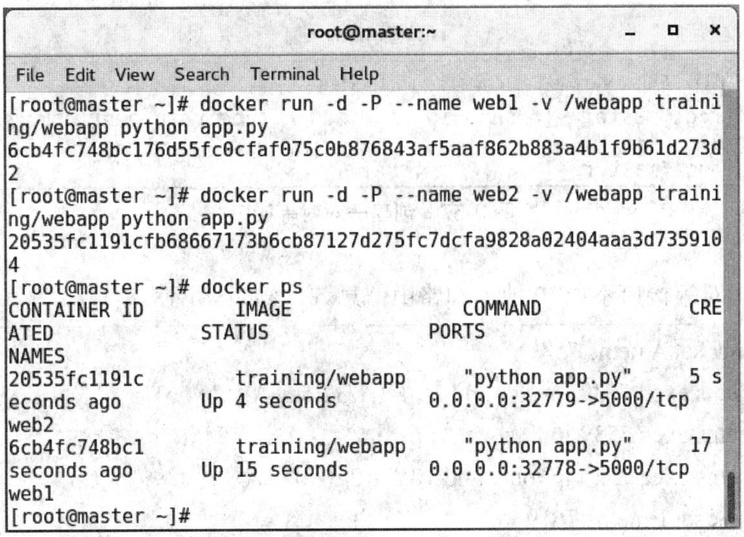

图 3-54 创建并启动两个容器

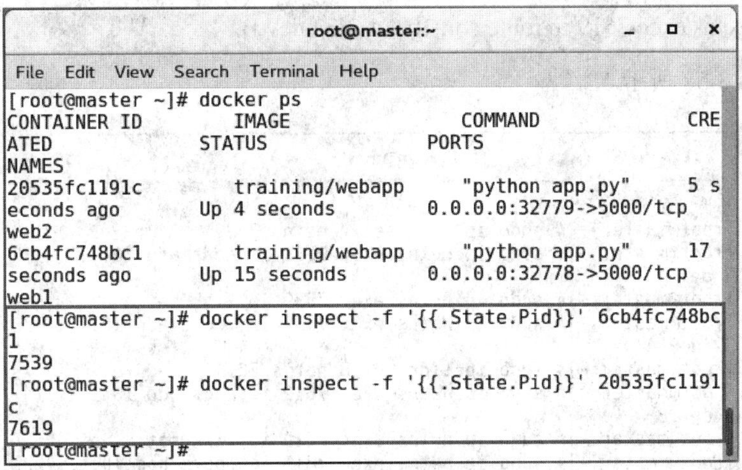

图 3-55 查找进程号

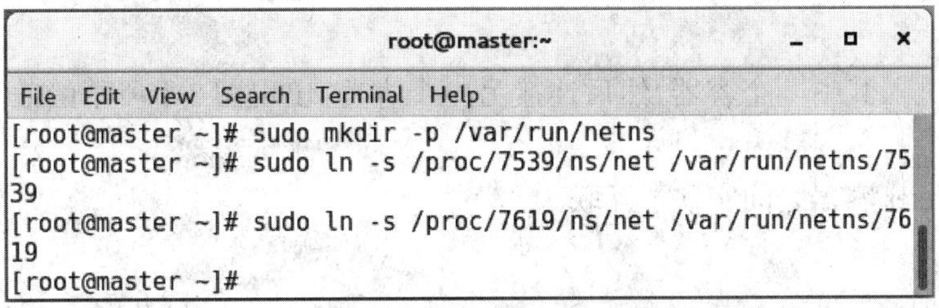

图 3-56 创建网络命名空间的跟踪文件

第四步，创建一对对等接口，命令如下所示。

```
sudo ip link add A type veth peer name B
```

效果如图 3-57 所示。

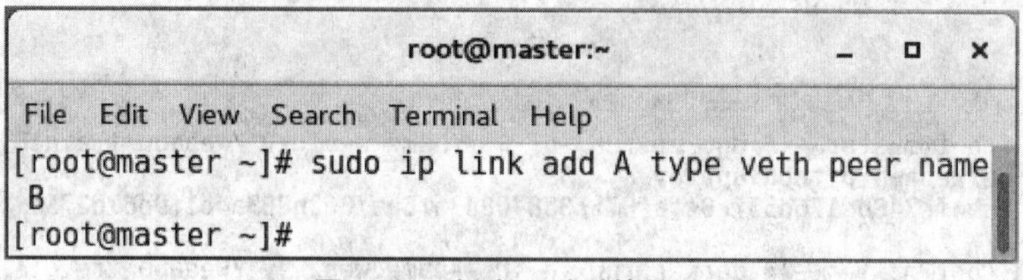

```
[root@master ~]# sudo ip link add A type veth peer name B
[root@master ~]#
```

图 3-57 创建一对对等接口

第五步，向对等接口添加 IP 地址和路由信息，命令如下所示。

```
sudo ip link set A netns 7539
sudo ip netns exec 7539 ip addr add 10.1.1.1/32 dev A
sudo ip netns exec 7539 ip link set A up
sudo ip netns exec 7539 ip route add 10.1.1.2/32 dev A
sudo ip link set B netns 7619
sudo ip netns exec 7619 ip addr add 10.1.1.1/32 dev B
sudo ip netns exec 7619 ip link set B up
sudo ip netns exec 7619 ip route add 10.1.1.2/32 dev B
```

效果如图 3-58 所示。

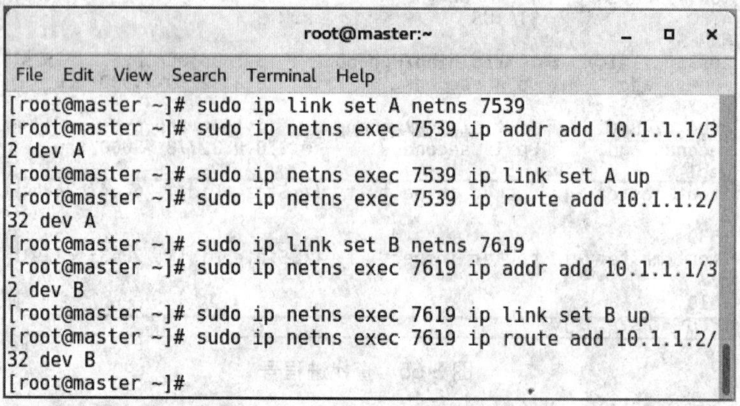

```
[root@master ~]# sudo ip link set A netns 7539
[root@master ~]# sudo ip netns exec 7539 ip addr add 10.1.1.1/32 dev A
[root@master ~]# sudo ip netns exec 7539 ip link set A up
[root@master ~]# sudo ip netns exec 7539 ip route add 10.1.1.2/32 dev A
[root@master ~]# sudo ip link set B netns 7619
[root@master ~]# sudo ip netns exec 7619 ip addr add 10.1.1.1/32 dev B
[root@master ~]# sudo ip netns exec 7619 ip link set B up
[root@master ~]# sudo ip netns exec 7619 ip route add 10.1.1.2/32 dev B
[root@master ~]#
```

图 3-58 添加 IP 地址和路由信息

第六步，进入其中一个容器，然后连接另一个容器，出现图 3-1 所示的效果即说明成功建立连接。

至此，Docker 容器之间实现了互联。

通过 Docker 容器之间互相联通功能的实现，对 Docker 数据卷和数据卷容器的使用有了初步的了解，对 Docker 网络的端口映射和容器互联等相关配置有所了解并掌握，并能够应用所学的 Docker 网络配置相关知识实现 Docker 容器之间的相互联系。

networking	联网	port	端口
data volume	数据卷	container	容器
inspect	检查	disconnect	断开
forward	向前	host	宿主

1. 选择题

（1）为了解决 Docker 在架构设计上的问题，引入了（　　）机制。
A. 集成　　　　　B. 数据卷　　　　C. 任务　　　　D. 价值
（2）（　　）是数据卷的功能。
A. 增加　　　　　B. 重用　　　　　C. 删除　　　　D. 更新
（3）用来随机映射端口的参数为"（　　）"。
A. -P　　　　　　B. -p　　　　　　C. -v　　　　　D. --name
（4）用来实现容器间安全互联的参数为"（　　）"。
A. --privileged　　B. --name　　　　C. --link　　　D. --port
（5）创建容器时用来指定网络的参数为"（　　）"。
A. -d　　　　　　B. --link　　　　　C. --name　　　D. --network

2. 简答题

（1）描述数据卷的功能。
（2）简述 Docker 高级网络的配置步骤。

项目四 Docker 升级之仓库搭建

通过实现本地仓库的构建，了解什么是 Docker 镜像仓库，熟悉镜像仓库的种类，掌握构建公有镜像仓库、私有镜像仓库和本地镜像仓库的方法，具有本地镜像仓库构建和维护镜像能力，在任务实施过程中：

- ➢ 了解 Docker 镜像仓库的概念；
- ➢ 熟悉仓库的种类；
- ➢ 掌握镜像仓库的搭建方法；
- ➢ 具有实现仓库搭建和镜像维护的能力。

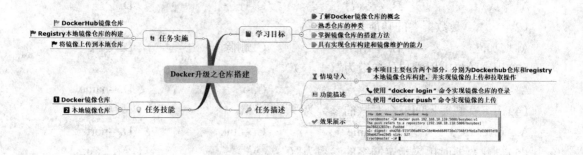

【情境导入】

目前,许多企业和个人在使用 Docker 时对镜像和容器没有统一的管理规则。镜像都要以在线的方式拉取,当网络环境延迟较大时,会出现链接超时的状况,这时就需要配置一个私有镜像仓库用来保存和统一管理自定义镜像和开发过程中的常用镜像。Docker Hub 是 Docker 官方的镜像仓库,用户可自行注册并建立自己的私有仓库;Registry 是 Docker 官方提供的本地仓库解决方案,开发人员可直接拉取 Registry 镜像进行简单的配置,搭建属于自己的本地镜像仓库。本项目主要通过对 Docker 镜像仓库相关知识的讲解,实现私有仓库的搭建。

【功能描述】

- 使用"docker login"命令实现镜像仓库的登录;
- 使用"docker push"命令实现镜像的上传。

【效果展示】

通过对本任务的学习,使用 Docker 镜像仓库的相关知识完成 Docker 本地仓库的搭建和使用,效果如图 4-1 所示。

```
File  Edit  View  Search  Terminal  Help
[root@master ~]# docker push 192.168.10.110:5000/busybox:v1
The push refers to a repository [192.168.10.110:5000/busybox]
8a788232037e: Pushed
v1: digest: sha256:915f390a8912e16d4beb8689720a17348f3f6d1a7b659697df8
50ab625ea29d5 size: 527
[root@master ~]#
```

图 4-1　效果图

技能点一 Docker 镜像仓库

在现实生活中,仓库是用来存放东西的地方;在 Docker 中,仓库同样用来存放东西。两者的本质区别在于,现实生活中的仓库存放的是真实的东西,是实物;而 Docker 仓库存放的是虚拟物品,就是前面提到过的镜像。Docker 仓库是一个集中存放镜像的地方,如果把 Docker 仓库比作一个盒子,那么镜像就是这个盒子中的物品,但物品并不是多种多样、什么都包含的,只能是各种各样的 Docker 镜像。一个仓库相当于一个集合,其中并不是只有一个东西,而是有很多。还可以把仓库看作一个具体的项目或目录。目前,仓库只有两种,一种是公有仓库,另一种是私有仓库。下面主要讲解 Docker Hub 官方仓库以及 DockerPool 社区提供的仓库的注册登录和镜像下载等操作。

1. Docker Hub 官方镜像仓库的登录

Docker Hub 仓库允许个人、企业和整个 Docker 社区进行镜像的共享。当在 Docker 内部构建了一个镜像时,无论是在 Docker 守护进程中还是在使用持续集成服务时,都可以将它推送到添加 Docker Hub 用户或组织账户中的 Docker Hub 仓库。

目前,Docker Hub 官方提供并维护了一个公共镜像仓库,地址为 https://hub.docker.com/,该仓库中包含 15000 多个镜像,其中大部分都能够通过 Docker Hub 直接下载。

用户可通过 https://hub.docker.com/ 访问公共镜像仓库网站,然后输入用户 ID、邮箱和密码进行注册,注册成功后可以在命令窗口中输入"docker login",然后输入用户名和地址登录,命令如下所示。

```
docker login
```

效果如图 4-2 所示。

```
File  Edit  View  Search  Terminal  Help
[root@master ~]# docker login
Login with your Docker ID to push and pull images from Docker Hub. If you don't
have a Docker ID, head over to https://hub.docker.com to create one.
Username: xvjunxiao
Password:
```

图 4-2 登录 Docker Hub

2.Docker Hub 私有仓库的搭建

登录成功后即可进行 Docker Hub 私有仓库的搭建。采用上述登录方式尽管可以实现 Docker Hub 的登录，但不能进行私有仓库的搭建，这时就需要登录 Docker Hub 的官网进行可视化私有仓库的搭建。操作步骤如下：

①登录 Docker Hub 的官网 https://hub.docker.com/，点击"Sign in"按钮后输入相应的信息，然后点击"Sign Up"按钮即可实现账号的注册，如图 4-3 所示。

图 4-3　注册 Docker Hub 账号

②注册完成后返回登录界面，输入刚才注册的账号和密码，然后点击"Login"按钮即可完成登录并进入 Docker Hub 主界面如图 4-4 所示。

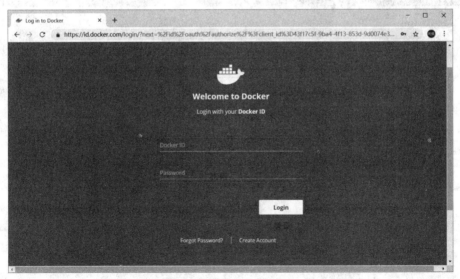

图 4-4　登录 Docker Hub

③进入主界面后就可以搭建仓库了,点击"Create a Repository"按钮即可实现仓库的搭建,并进入仓库设置界面,如图 4-5 所示。

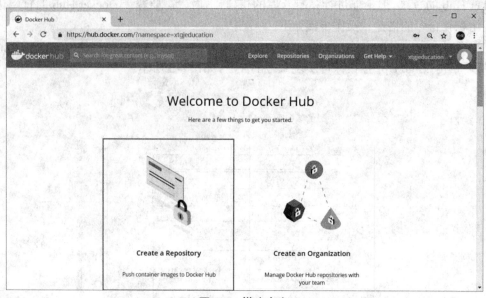

图 4-5　搭建仓库

④在仓库设置界面中填写仓库的详细信息,包括仓库名、描述信息和仓库可见度等。仓库可见度分为 public(公有)和 private(私有)两种,公有仓库任何人都能进行拉取,私有仓库必须通过验证才能进行镜像拉取。信息填写完后,点击页面底端的"Create"按钮即可实现私有仓库的搭建并返回界面,如图 4-6 和图 4-7 所示。

图 4-6　填写仓库的详细信息

项目四　Docker 升级之仓库搭建

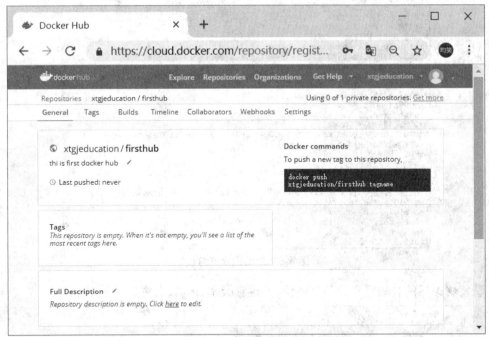

图 4-7　仓库搭建完成

3.Docker Hub 私有仓库的应用

Docker Hub 私有仓库搭建完成后就可以进行镜像文件的存储了。在 Docker 中，用户可以使用"docker push"命令将进行过个性化设置的镜像上传到刚才搭建的 Docker Hub 私有仓库中，使用时可以使用"docker pull"命令拉取镜像。Docker 镜像的上传与拉取步骤如下。

①使用"docker pull"命令拉取一个 ubuntu 镜像并使用该镜像启动容器，在其根目录下创建一个名为"a.txt"的文本文档，命令如下所示。

```
// 拉取镜像
docker pull ubuntu
// 查看镜像
docker images
// 创建容器、启动容器并进入容器
docker run -ti docker.io/ubuntu /bin/bash
// 创建"a.txt"文件
touch a.txt
// 显示当前文件夹的内容
ls
```

效果如图 4-8 所示。

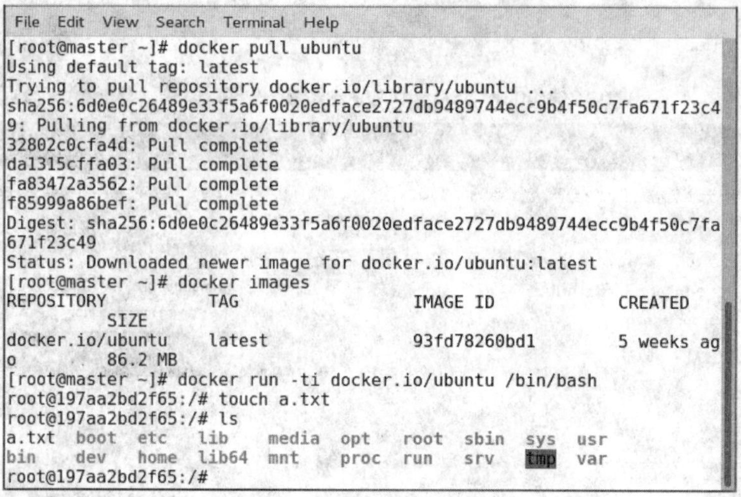

```
File Edit View Search Terminal Help
[root@master ~]# docker pull ubuntu
Using default tag: latest
Trying to pull repository docker.io/library/ubuntu ...
sha256:6d0e0c26489e33f5a6f0020edface2727db9489744ecc9b4f50c7fa671f23c4
9: Pulling from docker.io/library/ubuntu
32802c0cfa4d: Pull complete
da1315cffa03: Pull complete
fa83472a3562: Pull complete
f85999a86bef: Pull complete
Digest: sha256:6d0e0c26489e33f5a6f0020edface2727db9489744ecc9b4f50c7fa
671f23c49
Status: Downloaded newer image for docker.io/ubuntu:latest
[root@master ~]# docker images
REPOSITORY           TAG              IMAGE ID         CREATED
           SIZE
docker.io/ubuntu     latest           93fd78260bd1     5 weeks ag
o          86.2 MB
[root@master ~]# docker run -ti docker.io/ubuntu /bin/bash
root@197aa2bd2f65:/# touch a.txt
root@197aa2bd2f65:/# ls
a.txt  boot  etc   lib    media  opt   root  sbin  sys  usr
bin    dev   home  lib64  mnt    proc  run   srv   tmp  var
root@197aa2bd2f65:/#
```

图 4-8　启动镜像并修改

②将修改后的容器重新封装为镜像，并设置版本（tag），命令如下所示。

```
// 将容器封装为镜像
docker ps -a
docker commit -m="first" -a="first hub" 05c1837348a2 first/imageubuntu:v1
docker images
```

效果如图 4-9 所示。

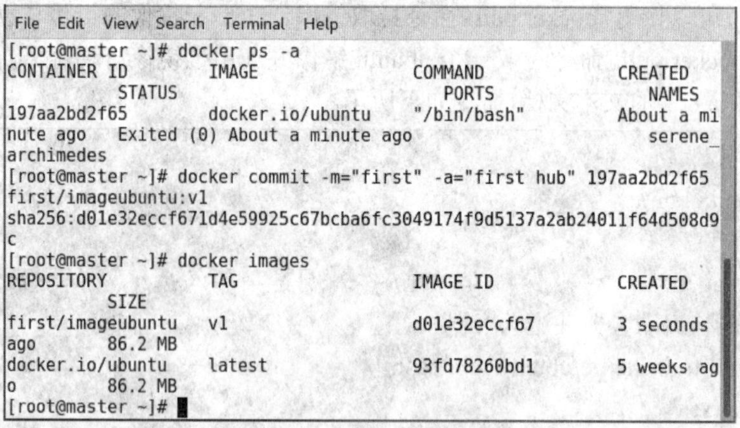

```
File Edit View Search Terminal Help
[root@master ~]# docker ps -a
CONTAINER ID        IMAGE                COMMAND              CREATED
          STATUS                   PORTS               NAMES
197aa2bd2f65        docker.io/ubuntu     "/bin/bash"          About a mi
nute ago   Exited (0) About a minute ago                serene_
archimedes
[root@master ~]# docker commit -m="first" -a="first hub" 197aa2bd2f65
first/imageubuntu:v1
sha256:d01e32eccf671d4e59925c67bcba6fc3049174f9d5137a2ab24011f64d508d9
c
[root@master ~]# docker images
REPOSITORY           TAG              IMAGE ID         CREATED
           SIZE
first/imageubuntu    v1               d01e32eccf67     3 seconds
ago        86.2 MB
docker.io/ubuntu     latest           93fd78260bd1     5 weeks ag
o          86.2 MB
[root@master ~]#
```

图 4-9　将容器封装为镜像

"commit"命令的各个参数说明如下。

➢ -m：提交的描述信息。
➢ -a：指定镜像的作者。
➢ 05c1837348a2：容器的 ID。
➢ first/imageubuntu:v1：指定要创建的目标镜像名和版本号。

③给新封装的镜像设置标签并将镜像上传到 Docker Hub，标签要与 Docker Hub 仓库名相同才能实现镜像的上传，代码如下所示。

```
// 给镜像设置标签
docker tag first/imageubuntu:v1 xtgjeducation/firsthub:v1
docker login
// 将镜像上传到 Docker Hub
docker push xtgjeducation/firsthub:v1
```

效果如图 4-10 所示。

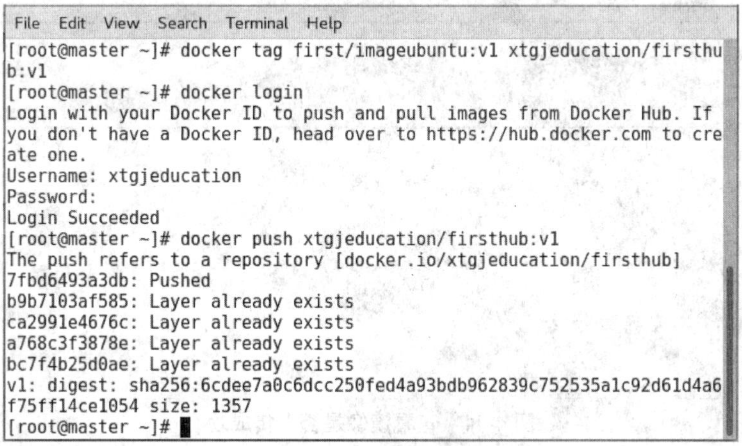

图 4-10 上传镜像

"tag"命令说明如下。

➢ first/imageubuntu:v1：镜像名与版本号。
➢ xtgjeducation/firsthub:v1：与 Docker Hub 对应的标签。

"push"命令说明如下。

➢ xtgjeducation/firsthub:v1：要上传的镜像的标签。

④在 Docker Hub 仓库中查看镜像是否上传成功，点击"Tags"查看历史上传版本，效果如图 4-11 所示。

⑤删除本地刚才上传的镜像，然后在 Docker Hub 私有仓库中进行镜像的拉取，以验证镜像的可用性，代码如下所示。

```
docker rmi xtgjeducation/first hub:v1
docker images
docker pull xtgjeducation/first hub:v1
docker images
```

效果如图 4-12 所示。

图 4-11 查看镜像是否上传成功

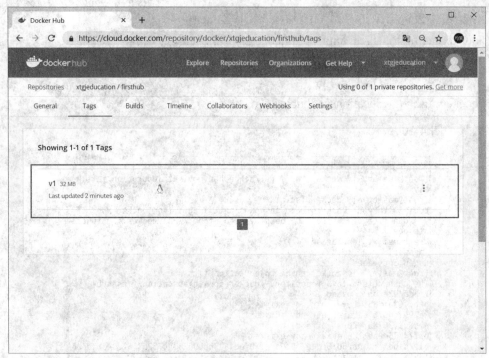

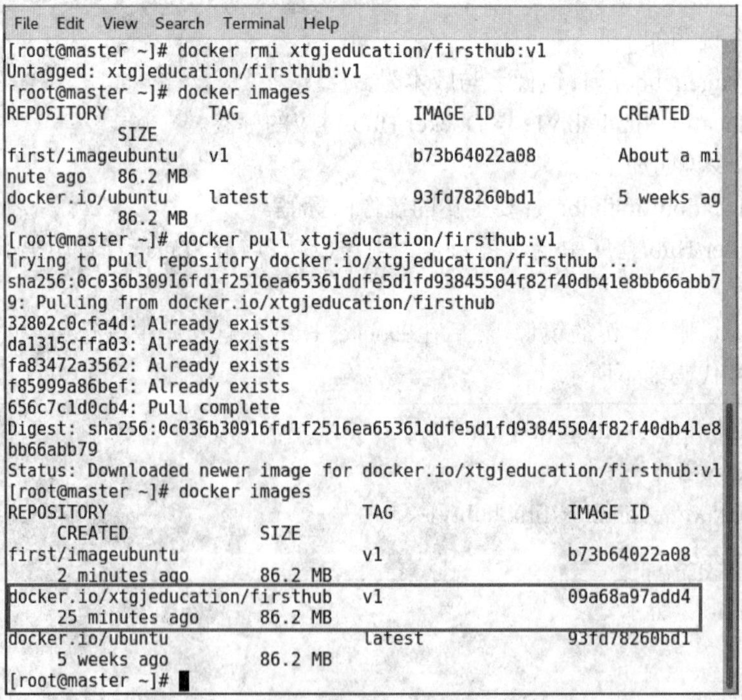

图 4-12 拉取镜像验证上传的镜像是否可用

扫描下方的二维码可了解更多镜像仓库的相关知识。

技能点二　本地镜像仓库

长时间使用 Docker，宿主机内会积累大量自定义镜像文件，这些镜像文件存储在本机中会占用大量内存，导致宿主机非常臃肿，在通常情况下可将镜像文件上传到 Docker Hub 中统一管理。但通过公网将镜像上传到 Docker Hub 中会因网络延迟严重而导致消耗大量时间，在这种情况下可自行搭建一个本地私有镜像仓库。

1. 安装 Docker Registry

Docker Registry 工具是负责分发容器内容的工具集：Docker Distribution，但其核心功能组件仍负责进项仓库的管理。

新版本的 Registry 基于 Golang 进行了重构，提供了更好的性能和扩展性，非常适合用来将私有的镜像服务器且官方仓库中提供了 Registry 的镜像，用户可采用容器运行和源码安装两种方式使用 Registry，下面介绍采用容器运行的方式使用 Registry。

基于容器搭建本地仓库十分简单，只需使用"docker run"命令启动一个容器即可，启动完成后 Registry 默认的配置文件为"/etc/docker/registry/config.yml"，启动命令如下所示。

```
docker run -d -p 5000:5000 --restart=always --name registry registry:2.1
```

运行效果如图 4-13 所示。

图 4-13　安装 Registry

使用以上命令搭建本地仓库，在默认情况下会根据开发人员的设置在本地创建配置文件，但这样不便于对配置文件进行集中管理，所以需要在启动 Registry 时修改配置文件的默认存储路径，命令如下所示。

```
docker stop $(docker ps -qa)
docker rm $(docker ps -qa)
docker run -d -p 5000:5000 --restart=always --name registry -v /home/master/regis-
try-conf/config.yml registry:2
```

效果如图 4-14 所示。

```
File Edit View Search Terminal Help
[root@master ~]# docker stop $(docker ps -qa)
fd457a184e54
[root@master ~]# docker rm $(docker ps -qa)
fd457a184e54
[root@master ~]# docker run -d -p 5000:5000 --restart=always --name re
gistry -v /home/master/registry-conf/config.yml registry:2
55158c90b17d3216fb53bed9e9424a1b593f4391b814612a83014c9f6ca97fe4
[root@master ~]#
```

图 4-14 启动容器时修改配置文件的默认存储路径

除修改配置文件的默认存储路径外，还可以通过“-v”将本地路径映射到容器内，将镜像存储到本地的“/opt/data/registry”目录下，命令如下所示。

```
docker stop $(docker ps -qa)
docker rm $(docker ps -qa)
docker run -d -p 5000:5000 --restart=always --name registry -v /opt/data/registry:/var/lib/
registry registry:2
```

效果如图 4-15 所示。

```
File Edit View Search Terminal Help
[root@master ~]# docker stop $(docker ps -qa)
55158c90b17d
[root@master ~]# docker rm $(docker ps -qa)
55158c90b17d
[root@master ~]# docker run -d -p 5000:5000 --restart=always --name re
gistry -v /opt/data/registry:/var/lib/registry registry:2
b62efdd91f3fb357d302ed97a6d295764b556a250dea1f65e03e0e132ae58632
[root@master ~]#
```

图 4-15 通过“-v”将本地路径映射到容器内

现在本地主机已经成功地运行 Registry 服务了，之后任何能够访问 Registry 宿主机的主机只需要在镜像名称前注明服务器地址即可实现镜像的上传。命令格式如下。

```
docker tag ubuntu myrepo.com:5000/ubuntu          // 为镜像设置标签
docker push myrepo.com:5000 /ubuntu               // 将镜像上传到私有仓库中
docker pull myrepo.com:5000/ubuntu                // 从私有仓库中拉取镜像
docker tag myrepo.com:5000/ubuntu ubuntu          // 为镜像设置标签
```

参数说明如下。

- tag：为镜像设置标签。
- myrepo.com：私有仓库地址，也可以为 IP 地址。
- push：将镜像上传到私有仓库中。

2. 配置 TLS 证书

在实际过程中会出现镜像上传不上去的情况，这是由于没有对镜像进行加密，文件存在风险，因此导致上传失败。下面通过配置 TLS 证书进行镜像文件的加密，以保证文件的安全性。

①生成证书。使用 openssl 工具生成私人证书文件配置本地仓库需要获取证书认证，否则无法将镜像上传到私有仓库中。在证书生成过程中会提示输入国家、省份、本地地名等信息，手动生成证书的命令如下所示。

```
// 创建级联目录
mkdir -p /opt/docker/registry/certs
cd /opt/docker/registry/certs/
// 生成证书
openssl req -newkey rsa:4096 -nodes -sha256 -keyout master.key -x509 -days 365 -out master.crt
```

效果如图 4-16 所示。

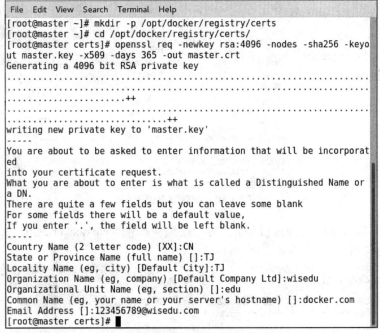

图 4-16　手动生成证书

使用上面的命令生成 TLS 证书过程比较烦琐，Registry 工具为用户提供了一种启动容器时就能够创建 TLS 证书的方法，只需一行命令即可生成 TLS 证书，命令如下所示。

```
docker run -d --name registry2 -p 5000:5000
\ -v /opt/docker/registry/certs:/certs
\ -e REGISTRY_HTTP_TLS_CERTIFICATE=/certs/master.crt
\ -e REGISTRY_HTTP_TLS_KEY=/certs/master.key registry:2
```

效果如图 4-17 所示。

图 4-17 创建自带 TLS 的 Registry 容器

②生成 TLS 证书后，在每一个 Docker 客户端宿主机上都配置 "/etc/hosts" 文件，以使客户端宿主机可以解析域名 "docker.com"，并创建与这个 Registry 服务器的域名一致的目录，命令如下所示。

```
// 打开 "/etc/hosts" 文件
vi /etc/hosts
// 在文件中填入如下内容
192.168.10.110  docker.com
// 进入 "/etc/docker/certs.d"
cd /etc/docker/certs.d/
// 创建 docker.com:5000
mkdir docker.com:5000
```

效果如图 4-18 所示。

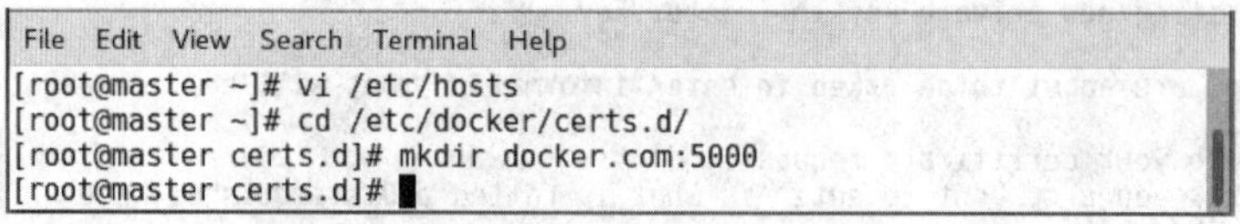

图 4-18 配置服务域名

③将证书 domain.crt 复制到 Docker 客户端宿主机的 "/etc/docker/certs.d/registry.docker.com:5000/ca.crt" 目录下，命令如下所示。

```
cd /opt/docker/registry/certs/
cp master.crt /etc/docker/certs.d/docker.com\:5000/ca.crt
```

效果如图 4-19 所示。

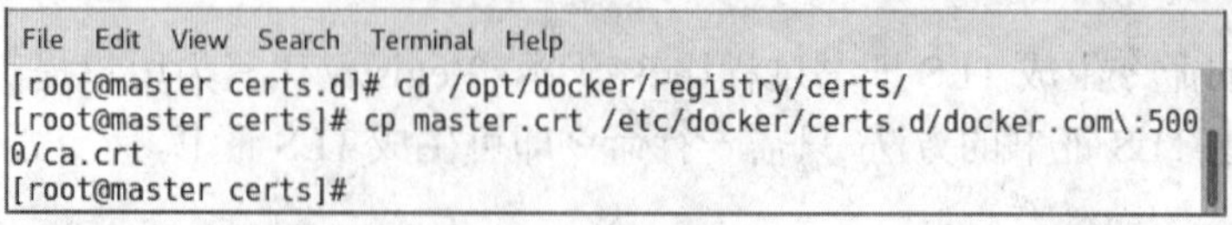

图 4-19 复制证书

④从 Docker Hub 中拉取 busybox 镜像并设置标签，然后将设置好标签的镜像上传到创建好的本地镜像仓库中，命令如下所示。

```
// 拉取镜像
docker pull busybox
// 设置标签
docker tag busybox:latest docker.com:5000/my-busybox:v1
// 上传镜像
docker push docker.com:5000/my-busybox:v1
```

效果如图 4-20 所示。

```
File  Edit  View  Search  Terminal  Help
[root@master certs]# docker pull busybox
Using default tag: latest
Trying to pull repository docker.io/library/busybox ...
sha256:2a03a6059f21e150ae84b0973863609494aad70f0a80eaeb64bddd8d9246581
2: Pulling from docker.io/library/busybox
Digest: sha256:2a03a6059f21e150ae84b0973863609494aad70f0a80eaeb64bddd8
d92465812
Status: Downloaded newer image for docker.io/busybox:latest
[root@master certs]# docker tag busybox:latest docker.com:5000/my-busy
box:v1
[root@master certs]# docker push docker.com:5000/my-busybox:v1
The push refers to a repository [docker.com:5000/my-busybox]
8a788232037e: Layer already exists
v1: digest: sha256:915f390a8912e16d4beb8689720a17348f3f6d1a7b659697df8
50ab625ea29d5 size: 527
[root@master certs]#
```

图 4-20　拉取镜像

3. 访问权限过程

在生产环境中，私有仓库还需要对访问代理进行设置并提供认证和用户管理。从以下三方面进行 Docker Registry v2 认证相关知识的讲解。

（1）认证模式

Docker Registry v2 采用了基于 Token 的认证方式，允许用户采用自己的认证服务，这使得在生产环境中可利用原有的认证系统实现 Docker Registry 的用户访问认证。与 v1 版本相比，v2 版本降低了系统的复杂度，减少了服务之间的交互次数，其基本工作模式如图 4-21 所示。

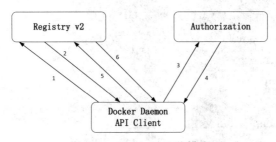

图 4-21　Registry 工作模式

（2）认证交互过程

① Docker Daemon 或其他 Docker 宿主机采用 pull 或 push 等方式访问 mannifiest 文件；

②开启认证服务模式时,Registry 直接返回 401Unauthorized 错误,并告知对方调用方法和如何获得授权;

③向 Authorization Server 发送请求,并携带 Authorization Server 需要的认证信息,如用户名、密码等;

④若授权成功,请求方可以得到合法的 Bearer token,作为验证请求方是否拥有访问权限的标识;

⑤请求方拿到 Bearer token 后将其添加到 Authoriation header 中,然后重复步骤①中的过程;

⑥Registry 通过验证请求方发来的 Bearer token 以及 JWT 格式的授权数据,决定该用户是否有权限进行请求操作。

(3)启用认证服务时应注意的事项

① Docker 官方并未提供与 Authentication Service 对应的实现方案,需要自行实现对应的服务接口;

② Registry 服务和 Authentication。

4. 配置 Registry

Docker Registry 官方提供了一套"config.yml"文件的配置样例,用户可以直接使用并对私有仓库进行管理或生产部署,配置样例如下所示。

```
version: 0.1
log:
level: debug
fields:
service: registry
environment: development
hooks:
    - type: mail
disabled: true
levels:
      - panic
options:
smtp:
addr: mail.example.com:25
username: mailuser
password: password
insecure: true
from: sender@example.com
to:
      - errors@example.com
storage:
```

```yaml
delete:
  enabled: true
cache:
  blobdescriptor: redis
filesystem:
  rootdirectory: /var/lib/registry
maintenance:
  uploadpurging:
    enabled: false
http:
  addr: :5000
  debug:
    addr: localhost:5001
  headers:
    X-Content-Type-Options: [nosniff]
redis:
  addr: localhost:6379
  pool:
    maxidle: 16
    maxactive: 64
    idletimeout: 300s
  dialtimeout: 10ms
  readtimeout: 10ms
  writetimeout: 10ms
notifications:
  endpoints:
    - name: local-5003
      url: http://localhost:5003/callback
      headers:
        Authorization: [Bearer ]
      timeout: 1s
      threshold: 10
      backoff: 1s
      disabled: true
    - name: local-8083
      url: http://localhost:8083/callback
      timeout: 1s
      threshold: 10
```

```
backoff: 1s
disabled: true
health:
storagedriver:
  enabled: true
  interval: 10s
  threshold: 3
```

配置文件说明如下。

(1) 版本信息

version:0.1。

(2) log 选项

- level: 标注输出调试信息的级别(debug、info、warn、error)。
- fomatter: 制定日志输出格式(text、json、logstash)。
- fields: 添加到日志输出信息中的键值对,可用于过滤日志。

(3) hooks 选项

用于仓库发生异常时通过邮件发送日志,配置参数说明如下。

- addr: 邮件服务商。
- username: 邮箱账号。
- password: 邮箱密码。

(4) 存储选项

storage 选项用来配置私有仓库的存储引擎,默认支持本地文件系统、Google 云存储、AWS 云存储和 OpenStack Swift 分布式存储等,配置样例如下所示。

```
storage:
  filesystem:
    rootdirectory: /var/lib/registry
  azure:
    accountname: accountname
    accountkey: base64encodedaccountkey
    container: containername
  gcs:
    bucket: bucketname
    keyfile: /path/to/keyfile
    rootdirectory: /gcs/object/name/prefix
  s3:
    accesskey: awsaccesskey
    secretkey: awssecretkey
```

```
region: us-west-1
regionendpoint: http://myobjects.local
bucket: bucketname
encrypt: true
keyid: mykeyid
secure: true
v4auth: true
chunksize: 5242880
multipartcopychunksize: 33554432
multipartcopymaxconcurrency: 100
multipartcopythresholdsize: 33554432
rootdirectory: /s3/object/name/prefix
swift:
username: username
password: password
authurl: https://storage.myprovider.com/auth/v1.0 or https://storage. myprovider.com/v2.0 or https://storage.myprovider.com/v3/auth
tenant: tenantname
tenantid: tenantid
domain: domain name for Openstack Identity v3 API
domainid: domain id for Openstack Identity v3 API
insecureskipverify: true
region: fr
container: containername
rootdirectory: /swift/object/name/prefix
oss:
accesskeyid: accesskeyid
accesskeysecret: accesskeysecret
region: OSS region name
endpoint: optional endpoints
internal: optional internal endpoint
bucket: OSS bucket
encrypt: optional data encryption setting
secure: optional ssl setting
chunksize: optional size valye
rootdirectory: optional root directory
inmemory:
```

```
    delete:
      enabled: false
    cache:
      blobdescriptor: inmemory
    maintenance:
      uploadpurging:
        enabled: true
        age: 168h
        interval: 24h
        dryrun: false
      redirect:
        disable: false
```

重要参数说明如下。

➢ maintenance：配置维护功能，包括清理日志和开启只读模式。
➢ delete：是否允许删除镜像，默认关闭。
➢ cache：是否开启对镜像层元数据的缓存功能，默认开启。

（5）认证选项

```
    auth:
      silly:
        realm: silly-realm
        service: silly-service
      token:
        realm: token-realm
        service: token-service
        issuer: registry-token-issuer
        rootcertbundle: /root/certs/bundle
      htpasswd:
        realm: basic-realm
        path: /path/to/htpasswd
```

重要参数说明如下。

➢ silly：测试使用，不进行内容检查。
➢ token：适用于生产环境的 token 用户认证，需要额外的 token 服务支持。
➢ htpasswd：基于 Apache htpasswd 密码的文件权限检查。

（6）HTTP 选项

与 HTTP 服务相关的配置，配置样例如下所示。

```
http:
addr: localhost:5000
net: tcp
prefix: /my/nested/registry/
host: https://myregistryaddress.org:5000
secret: asecretforlocaldevelopment
relativeurls: false
tls:
certificate: /path/to/x509/public
key: /path/to/x509/private
clientcas:
        - /path/to/ca.pem
        - /path/to/another/ca.pem
letsencrypt:
cachefile: /path/to/cache-file
email: emailuser@letsencrypt.com
debug:
addr: localhost:5001
headers:
X-Content-Type-Options: [nosniff]
http2:
disabled: false
```

重要参数说明如下。

- addr：必选，服务监听地址。
- secret：必选，安全随机字符串，用户可自行指定。
- tls：证书文件的路径信息。
- http2：是否开启 http2 支持，默认关闭。

本项目通过如下步骤使用 Registry 和 Nginx 搭建本地镜像仓库，并将镜像上传到本地仓库。

第一步，使用 Registry 添加 http 证书验证，在 Nginx 里签一组证书，完成后重启 Docker，命令如下所示。

```
// 进入"daemon.json"文件
vim /etc/docker/daemon.json
// 在该配置文件中添加如下内容
"insecure-registries": [ "192.168.10.110:5000"]
// 重启 Docker 服务
systemctl restart docker
```

效果如图 4-22 所示。

```
File  Edit  View  Search  Terminal  Help
{
  "registry-mirrors": ["https://aj2rgad5.mirror.aliyuncs.com"],
  "insecure-registries":["192.168.10.110:5000"]
}
                                                  1,1           All
```

图 4-22　添加签字证书

第二步，使用"docker pull"命令拉取官方提供的本地镜像仓库中的镜像文件，命令如下所示。

```
docker pull registry
```

效果如图 4-23 所示。

```
File  Edit  View  Search  Terminal  Help
[root@master ~]# docker pull registry
Using default tag: latest
Trying to pull repository docker.io/library/registry ...
sha256:2a5b47a613fd7e9d28120fa77016554c3dffa8913b6a314ede518447ddc68e2
f: Pulling from docker.io/library/registry
456f9d0bf1d1: Pull complete
b7f3f37a05d2: Pull complete
d1b2fc1a6bc7: Pull complete
400c20544fd6: Pull complete
48473a72399c: Pull complete
Digest: sha256:2a5b47a613fd7e9d28120fa77016554c3dffa8913b6a314ede51844
7ddc68e2f
Status: Downloaded newer image for docker.io/registry:latest
[root@master ~]#
```

图 4-23　拉取本地镜像仓库中的镜像文件

第三步，使用名为"registry"的镜像创建一个容器，并将容器的 5000 端口映射到服务器的 5000 端口。第一步没有执行不影响本步操作，Docker 执行"run"命令时若镜像不存在会自动下载该镜像，命令如下所示。

```
docker run -d -p 5000:5000 registry
```

效果如图 4-24 所示。

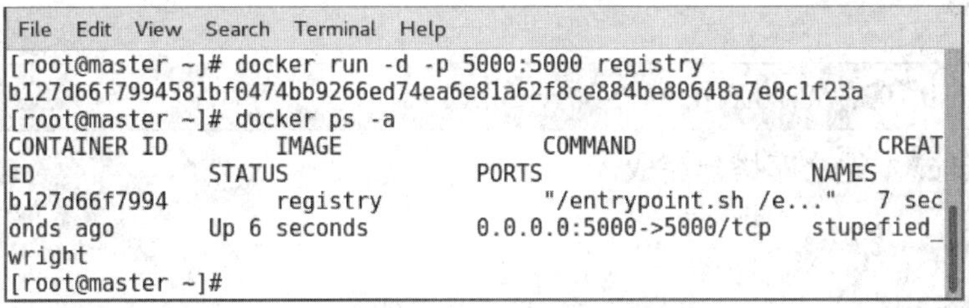

项目四 Docker 升级之仓库搭建

图 4-24 创建容器

第四步，在默认情况下，Docker 的本地仓库创建在目录"/tmp/registry"下。可通过"-v"参数将镜像文件存放在本地的指定位置，删除第三步中创建的容器并执行本地仓库创建命令，命令如下所示。

```
docker stop $(docer ps -qa)
docker rm $(docker ps -qa)
docker run -d -p 5000:5000 -v /tmp/data/registry:/tmp/registry registry
```

效果如图 4-25 所示。

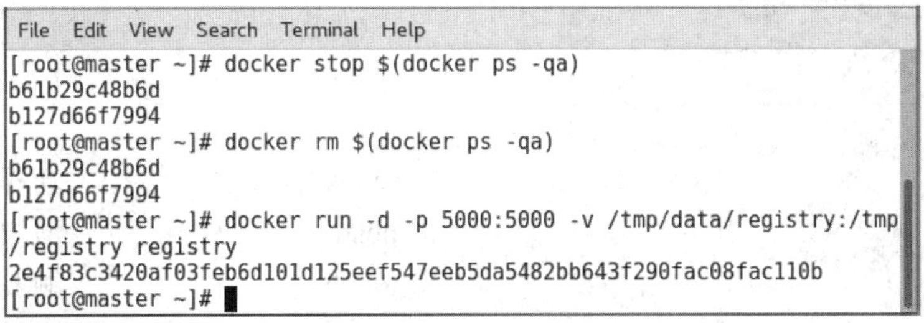

图 4-25 制定仓库目录

第五步，拉取名为"busybox"的镜像（该镜像用于测试本地仓库的上传和下载功能，因为该镜像占用内存较少，所以选择其进行测试）并设置标签，命令如下所示。

```
docker pull busybox
docker tag busybox:latest 192.168.10.110:5000/busybox:v1
```

效果如图 4-26 所示。

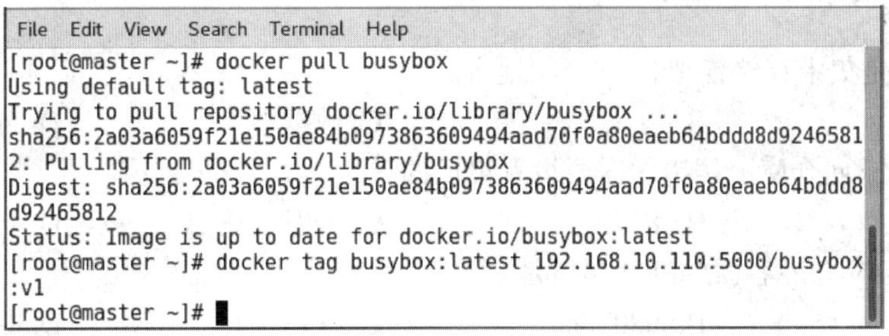

图 4-26 设置镜像的标签

将设置好标签的镜像上传到搭建好的本地镜像仓库中，命令如下所示，效果如图 4-1

所示。

```
docker push 192.168.10.110:5000/busybox:v1
```

至此，Docker 本地仓库搭建完成。

通过 Docker 本地仓库构建功能的实现，对 Docker 镜像仓库的两种部署方法有了初步的了解，对 Registry 本地镜像仓库配置文件的定义有所了解并掌握，并能够应用所学的 Docker 仓库搭建相关知识实现 Docker 本地仓库的搭建和使用。

hub	中心	repository	仓库
username	用户名	push	增加
password	用户密码	touch	触发
login	登录	commit	交付
registry	注册	authorization	授权

1. 选择题

（1）仓库是集中存储管理（　　）的地方。
A. 容器　　　　B. 镜像　　　　C. 数据卷　　　　D. 分区

（2）Docker 向仓库上传镜像需要设置镜像的（　　）。
A. 标签　　　　B. 名字　　　　C. 开发者信息　　　　D. 自我检查

（3）Registry 仓库容器的默认端口是（　　）。
A.5000　　　　B.8080　　　　C.80　　　　D.50070

（4）搭建本地镜像仓库时（　　）用来设置主机名。
A.Common Name　　　　　　　　B.Locality Name
C.Country Name　　　　　　　　D.State or Province Name

(5)在 Registry 本地仓库的存储选项中,(　　)用来设置是否允许删除镜像。
A.maintenance　　　　B.delete　　　　　　C.cache　　　　　　　D.token

2. 简答题

(1)什么是 Docker 镜像仓库?

(2)简述 Registry 权限访问过程。

项目五　Docker 升级之镜像构建

通过实现 Docker 自定义镜像的构建，了解 Docker 镜像构建相关知识，熟悉 Dockerfile 构建镜像和自动化构建镜像的方法，掌握 Dockerfile 的使用，具有使用 Dockerfile 构建镜像的能力，在任务实施过程中：

- 了解 Docker 镜像构建的基本概念；
- 熟悉使用 Dockerfile 构建镜像的方法；
- 掌握 Dockerfile 指令的使用；
- 具有构建 Docker 镜像的能力。

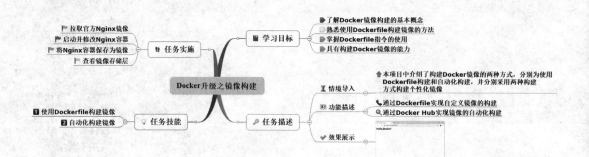

项目五 Docker 升级之镜像构建

【情境导入】

Docker Hub 官方镜像仓库提供了大量可直接拉取使用的镜像,当官方 Docker 镜像不能满足用户的需求时,就需要用户自定义或修改镜像之后生成新的镜像。构建镜像是用户对容器进行修改或直接基于官方镜像生成新镜像,构建镜像的目的是使容器持久化,一次配置多次使用。本项目通过对使用 Dockerfile 构建镜像和自动化构建镜像相关知识的讲解,最终完成自定义镜像的构建。

【功能描述】

- 通过 Dockerfile 实现自定义镜像的构建;
- 通过 Docker Hub 实现镜像的自动化构建。

【效果展示】

通过对本任务的学习,熟练使用构建镜像的方法,最终实现自定义镜像的构建,效果如图 5-1 所示。

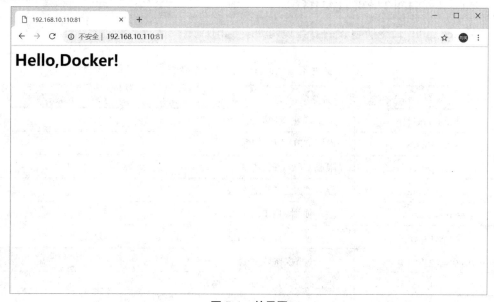

图 5-1 效果图

技能点一　使用 Dockerfile 构建镜像

1. 什么是 Dockerfile

Dockerfile 是由一系列参数和指令组成的脚本文件，其内部可包含多条指令（instruction），每一条指令构建一层，因此 Docker 能根据每一条指令在基础镜像的基础上构建一个新镜像。Dockerfile 简化了自定义镜像的流程和部署工作。Dockerfile 以 FROM 命令开始，后接一些操作命令和参数。其执行结果是得到一个新的可用于创建容器的镜像。

Dockerfile 主要分为四部分：基本镜像信息、维护者信息、镜像操作指令、容器启动执行指令。文件开头需指明将哪个镜像作为基础镜像，而后紧跟维护者信息，然后是脚本的镜像操作指令。例如，每执行一条 RUN 指令，镜像文件就会添加一层并提交。

2. 构建命令

"docker build"命令被用于使用 Dockerfile 构建镜像，当 Dockerfile 的脚本文件被定义好后，可使用此命令进行新镜像的构建，"docker build"命令的语法格式如下所示。

docker build [OPTIONS] PATH | URL | -

"docker build"命令所包含的参数说明如表 5-1 所示。

表 5-1　"docker build"命令详解

参数	说明
--build-arg=[]	设置构建镜像时的变量
--cpu-shares	设置 CPU 使用权重
--cpu-period	限制 CPU CFS 周期
--cpu-quota	限制 CPU CFS 配额
--cpuset-cpus	指定使用的 CPU 的 ID
--cpuset-mems	指定使用的内存的 ID
--disable-content-trust	忽略校验，默认开启
-f	指定使用的 Dockerfile 路径
--force-rm	设置在镜像过程中删除中间容器
--isolation	使用容器隔离技术

续表

参数	说明
--label=[]	设置镜像使用的元数据
-m	设置内存的最大值
--memory-swap	设置 Swap 的最大值为内存 +swap，"-1"表示不限 swap
--no-cache	在构建镜像的过程中不使用缓存
--pull	尝试更新镜像的版本
--quiet, -q	安静模式，启用后只输出镜像的 ID
--rm	设置镜像完成后删除中间容器
--shm-size	设置 /dev/shm 的大小，默认值是 64M
--ulimit	Ulimit 配置
--tag, -t	镜像的名字及标签，通常采用 name:tag 或者 name 的格式。可以在单个构建中为一个镜像设置多个标签
--network	默认在构建镜像期间设置 RUN 指令的网络模式

下面以使用 Dockerfile 构建一个支持 SSH 服务的新镜像为例，介绍 Dockerfile 文件的定义及"docker build"命令的使用方法，步骤如下。

第一步，创建文件。创建"sshd_ubuntu"文件夹并将其作为工作目录，在该文件夹中新建 Dockerfile 和 run.sh 文件，命令如下所示。

```
// 创建文件夹
mkdir sshd_ubuntu
// 查看当前文件
ls
// 进入文件夹
cd ./sshd_ubuntu/
// 创建文件
touch Dockerfile run.sh
ls
```

效果如图 5-2 所示。

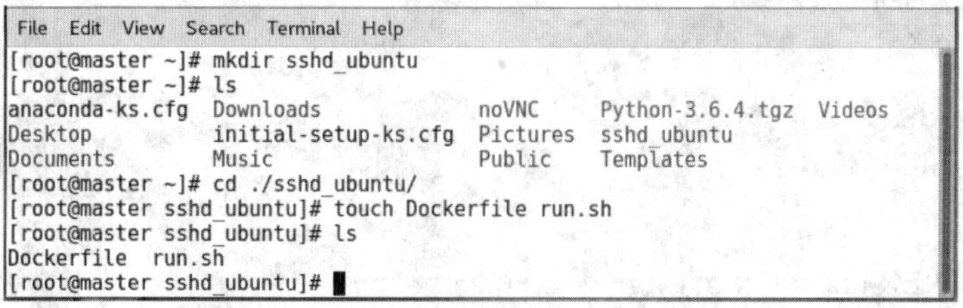

图 5-2　创建文件

第二步，编写 run.sh 脚本文件并在宿主机上随机生成一个 SSH 密钥，然后创建一个名为"authorized_keys"的文件保存秘钥，命令如下所示。

```
// 编写 run.sh 脚本文件
vi run.sh
// 文件内容如下
#！/bin/bash
/usr/sbin/sshd -D
// 生成秘钥
ssh-keygen -t rsa
// 创建文件并保存密匙
cat ~/.ssh/id_rsa   >authorized_keys
```

效果如图 5-3 所示。

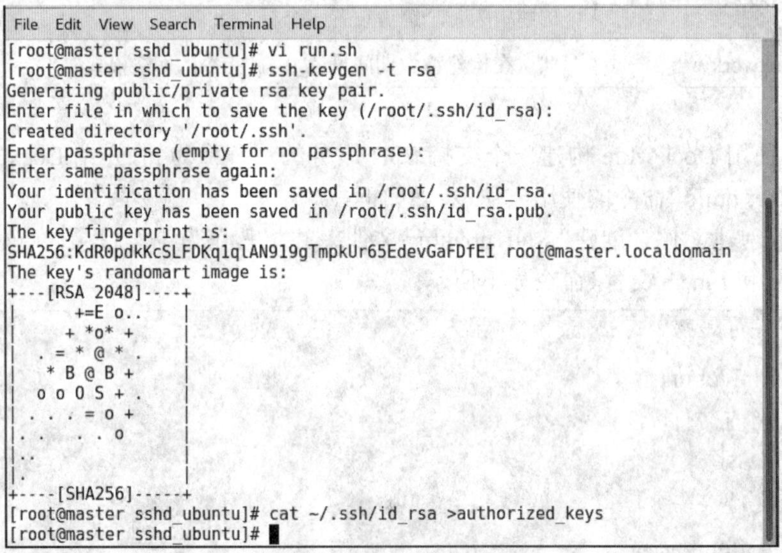

图 5-3　编写"run.sh"文件并生成密钥

第三步，编写 Dockerfile 文件。创建一个 Dockerfile 文件，并在文件中进行镜像相关信息的定义，包括基础镜像的选择、维护者信息的设置等，Dockerfile 文件的内容如下所示。

```
vi Dockerfile
// 文件内容如下


// 设置继承镜像
FROM ubuntu:14.04
// 设置维护者信息
MAINTAINER docker_xtgj (xtgj@docker.com)
// 运行更新命令
```

RUN apt-get update
// 安装 ssh 服务
RUN apt-get install -y openssh-server
RUN mkdir -p /var/run/sshd
RUN mkdir -p /root/.ssh
// 取消 pam 限制
RUN sed -I "s/session required pam_loginuid.so/#session required pam_loginuid.so/g" /etc/pam.d/sshd
// 将配置文件复制到相应的位置,并赋予脚本可执行权限
ADD authorized_keys /root/.ssh/authorized_keys
ADD run.sh /run.sh
RUN chmod 755 /run.sh
// 开放端口
EXPOSE 22
// 设置自启动命令
CMD["/run.sh"]

第四步,构建镜像。在"sshd_ubuntu"目录下使用"docker build"命令运行 Dockerfile 脚本文件,创建一个包含 ssh 服务的 ubuntu 镜像,命令如下所示。

```
docker build -t sshd:dockerfile
```

效果如图 5-4 所示。

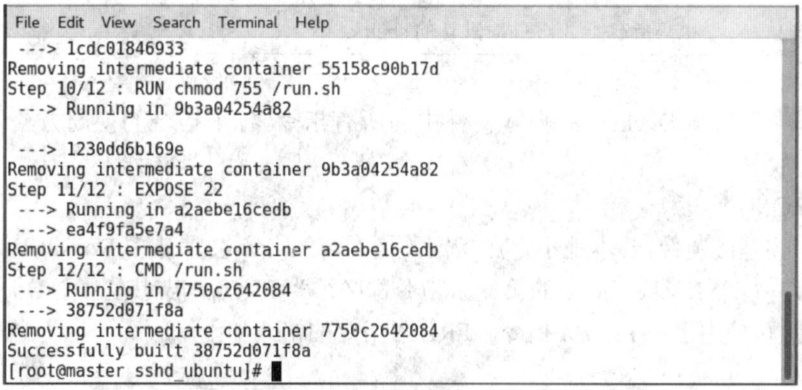

图 5-4 构建镜像

3.Dockerfile 指令

Dockerfile 脚本文件中的指令有 17 种,主要可以分为两类,一类是 instruction(命令),另一类是 argument(参数)。Dockerfile 脚本文件中的指令的详细说明如表 5-2 所示。

表 5-2 Dockerfile 指令说明

指令	说明
FROM	指定基础镜像
MAINTAINER	设置维护者信息
RUN	执行命令
CMD	设置容器启动时默认执行的命令
LABEL	设置新生成的镜像的标签
EXPOSE	声明镜像内的服务所监听的端口
ENV	设置容器的环境变量
ADD	将 Docker 宿主机中的文件复制到容器中,若文件为 tar 文件,会自动解压到容器中
COPY	将 Docker 宿主机中的文件复制到容器中,推荐使用
ENTRYPOINT	指定镜像的默认入口
VOLUME	创建数据卷挂载点
USER	指定运行容器的用户名或 UID
WORKDIR	设置工作目录
ARG	指定镜像内使用的参数(如版本号信息等)
ONBUILD	配置当前构建的镜像作为其他镜像的基础镜像时执行的构建操作指令
STOPSIGNAL	退出容器的信号值
HEALTHCHECK	如何进行健康检查
SHELL	指定使用 shell 时默认的 shell 类型

表 5-2 中列出了 Dockerfile 脚本文件中的所有指令,各个指令的使用方法及书写格式如下。

(1) FROM

用于指定基础镜像,若本地不存在指定的镜像,Docker 会默认去 Docker Hub 官方仓库下载该镜像。每个 Dockerfile 中的第一条指令都必须为 FROM,若想在一个 Dockerfile 中构建多个镜像,可使用多个 FROM 指令。FROM 指令的格式如下。

> FROM<image>
> FROM<image>:<tag>
> FROM<image>@<digest>

在用户根目录下创建 firstdocker 文件夹并在 firstdocker 文件夹中创建 Dockerfile 文件,基于 busybox 创建一个新镜像并命名为"busybox:v1",首次使用 busybox 镜像 Docker 会自动进行下载,命令如下所示。

```
mkdir firstdocker
cd ./firstdocker/
touch Dockerfile
vi Dockerfile
// 在文件中输入如下内容
FROM busybox

// 构建镜像
docker build -t busybox:v1
```

效果如图 5-5 所示。

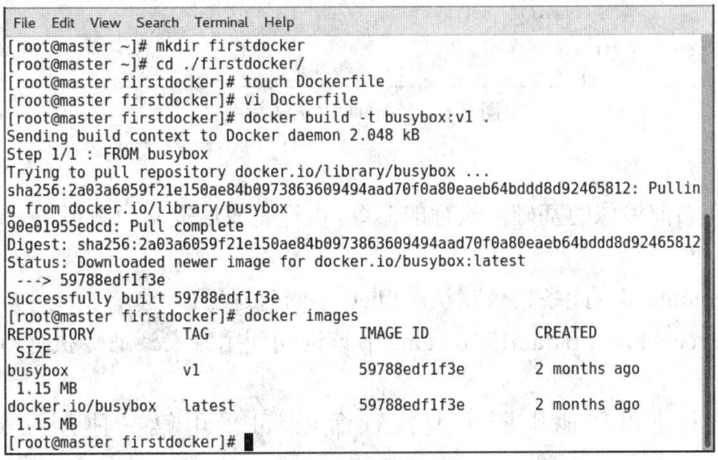

```
File  Edit  View  Search  Terminal  Help
[root@master ~]# mkdir firstdocker
[root@master ~]# cd ./firstdocker/
[root@master firstdocker]# touch Dockerfile
[root@master firstdocker]# vi Dockerfile
[root@master firstdocker]# docker build -t busybox:v1 .
Sending build context to Docker daemon 2.048 kB
Step 1/1 : FROM busybox
Trying to pull repository docker.io/library/busybox ...
sha256:2a03a6059f21e150ae84b0973863609494aad70f0a80eaeb64bddd8d92465812: Pullin
g from docker.io/library/busybox
90e01955edcd: Pull complete
Digest: sha256:2a03a6059f21e150ae84b0973863609494aad70f0a80eaeb64bddd8d92465812
Status: Downloaded newer image for docker.io/busybox:latest
 ---> 59788edf1f3e
Successfully built 59788edf1f3e
[root@master firstdocker]# docker images
REPOSITORY          TAG                 IMAGE ID            CREATED
 SIZE
busybox             v1                  59788edf1f3e        2 months ago
 1.15 MB
docker.io/busybox   latest              59788edf1f3e        2 months ago
 1.15 MB
[root@master firstdocker]#
```

图 5-5　FROM 指令

（2）MAINTAINER

用于设置维护者信息，在构建镜像时设置镜像的维护者和构建者信息。MAINTAINER 指令的格式如下。

➢ MAINTAINER<name>

修改 firstdocker 目录下的 Dockerfile 文件，增加 MAINTAINER 指令设置镜像的维护者信息，并重新生成镜像，将镜像的版本设置为 V2，创建完成后查看作者信息设置是否生效，命令如下所示。

```
vi Dockerfile
// 在文件中添加如下指令
MAINTAINER education

// 构建镜像
docker build -t busybox:V2
docker images
// 查看镜像的详细信息
docker inspect 37bf625608d0
```

效果如图 5-6 所示。

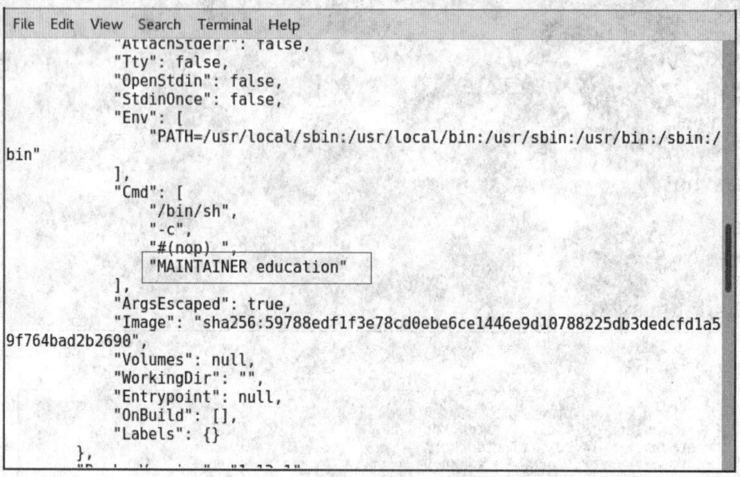

图 5-6 MAINTAINER 指令

（3）RUN

用于指定在当前镜像的基础上执行的命令，执行完成后提交为新镜像。RUN 指令的格式如下。

➤ RUN<command>：此条指令默认在 shell 中断时运行。

➤ RUN["executable","param1","param2"]：该语句使用 "exec" 命令执行所有不会启动设 shell 环境。

若需要指定使用其他中断类型执行命令，可采用第二种方式实现，如 ["/bin/bash","-c","Hello Docker"]。

修改 Dockerfile 文件，在文件末尾添加 RUN 指令，在新镜像的用户目录下创建一个名为 "a.txt" 的文件，命令如下所示。

```
vi Dockerfile
// 在 Dockerfile 文件末尾添加如下内容
RUN touch a.txt

docker build -t busybox:V3
docker run -dti --name busyboxtest busybox:V3 /bin/sh
docker exec -ti busyboxtest /bin/sh
ls
```

效果如图 5-7 所示。

（4）CMD

用于设置容器启动时默认执行的命令，每个 Dockerfile 中的 CMD 命令只能执行一次，若设置了多条，只执行最后一条。CMD 指令与 RUN 指令的区别在于 RUN 是容器构建时就执行的命令，能够提交运行结果，而 CMD 是容器启动时执行的命令，在容器构建时并不运行。CMD 指令的格式如下。

项目五　Docker 升级之镜像构建

```
File Edit View Search Terminal Help
[root@master firstdocker]# vi Dockerfile
[root@master firstdocker]# docker build -t busybox:V3 .
Sending build context to Docker daemon 2.048 kB
Step 1/3 : FROM busybox
 ---> 59788edf1f3e
Step 2/3 : MAINTAINER education
 ---> Using cache
 ---> 37bf625608d0
Step 3/3 : RUN touch a.txt
 ---> Running in a5703223de69
 ---> 9043c49b7b51
Removing intermediate container a5703223de69
Successfully built 9043c49b7b51
[root@master firstdocker]# docker run -dti --name busyboxtest busybox:V3 /bin/sh
6bc663c7a38a3961724c8eb84388cb316e5fb6bb31efa64478eb92fb00ac706a
[root@master firstdocker]# docker exec -ti busyboxtest /bin/sh
/ # ls
a.txt  dev   home  root  sys  usr
bin    etc   proc  run   tmp  var
/ #
```

图 5-7　RUN 指令

- CMD ["executable","param1","param2"]：使用"exec"命令执行，推荐使用。
- CMD ["param1","param2"]：为 ENTRYPOINT 提供默认的参数。
- CMD command param1 param2：在 /bin/bash 中执行，可用于需要交互的应用。

修改 Dockerfile 文件，在文件末尾添加 CMD 指令，使容器启动时输出"Hello Docker"，命令如下所示。

---

vi Dockerfile
// 在 Dockerfile 文件末尾添加如下内容
CMD echo "Hello docker"

docker build -t busybox:V4
docker run -dti --name busyboxtest2 busybox:V4 /bin/sh

效果如图 5-8 所示。

```
File Edit View Search Terminal Help
[root@master firstdocker]# vi Dockerfile
[root@master firstdocker]# docker build -t busybox:V4 .
Sending build context to Docker daemon 2.048 kB
Step 1/3 : FROM busybox
Trying to pull repository docker.io/library/busybox ...
sha256:2a03a6059f21e150ae84b0973863609494aad70f0a80eaeb64bddd8d92465812: Pulling from docker.io/library/busybox
Digest: sha256:2a03a6059f21e150ae84b0973863609494aad70f0a80eaeb64bddd8d92465812
Status: Image is up to date for docker.io/busybox:latest
 ---> 59788edf1f3e
Step 2/3 : MAINTAINER education
 ---> Running in e4d6172d681a
 ---> 40442e20f8da
Removing intermediate container e4d6172d681a
Step 3/3 : CMD /bin/echo Hello docker
 ---> Running in 43dd6907023c
 ---> d737c574a8db
Removing intermediate container 43dd6907023c
Successfully built d737c574a8db
[root@master firstdocker]#
[root@master firstdocker]# docker run busybox:V4
Hello docker
[root@master firstdocker]#
```

图 5-8　CMD 指令

（5）LABEL

用于设置新生成的镜像的标签。LABEL 指令的格式如下。

➢ LABEL<key>=<value> <key>=<value> <key>=<value>……

一个 Dockerfile 中可以有多个 LABEL，例如：

```
LABEL multi.label1="value1" multi.label2="value2" other="value3"
```

若命令过长可使用"\"符号换行，如下所示。

```
LABEL multi.label1="value1" \
multi.label2="value2" \
other="value3"
```

修改 Dockerfile 文件，在文件末尾添加 LABEL 指令，设置镜像的标签信息，命令如下所示。

```
vi Dockerfile
// 在文件中输入如下内容
LABEL multi.label1="value1" multi.label2="value2" other="value3"
docker build -t busybox:V5
docker inspect 37bf625608d0
```

效果如图 5-9 所示。

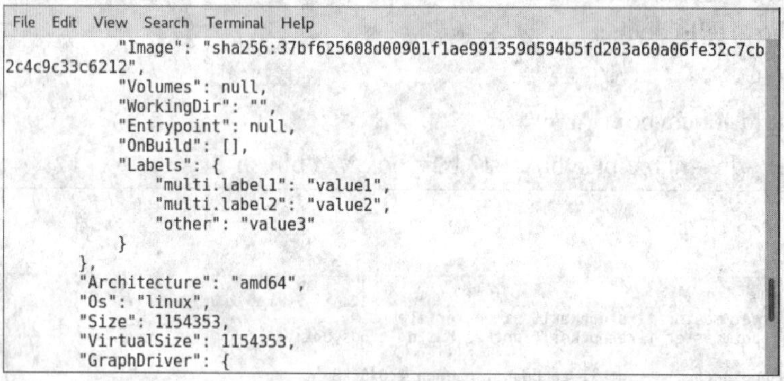

图 5-9　LABLE 指令

（6）EXPOSE

用于声明镜像内的服务所监听的端口，该指令只能进行端口的声明，不会自动完成端口映射，若想完成端口映射需要在启动容器时使用"-P"命令。EXPOSE 指令的格式如下。

➢ EXPOSE <port> [<port>...]

修改 Dockerfile 文件，在文件末尾添加 EXPOSE 指令，构建镜像时开放 80、8088、8080 三个端口，命令如下所示。

```
vi Dockerfile
// 在文件中输入如下内容
LABEL multi.label1="value1" multi.label2="value2" other="value3"
```

```
EXPOSE port1 port2 port3
docker build -t busybox:V6
docker inspect 51db078cb16b
```

效果如图 5-10 所示。

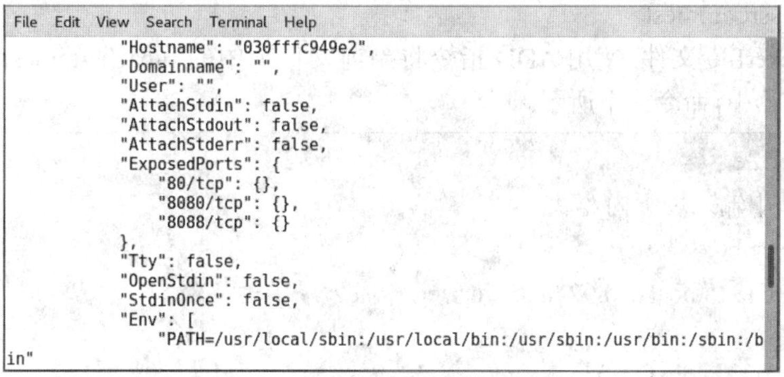

图 5-10 EXPOSE 指令

（7）ENV

用于设置容器的环境变量，在镜像生成的过程中会被之后的 RUN 指令使用，在使用镜像创建容器时也会被使用。ENV 指令的格式如下。

➤ ENV<key><value> 每次只能设置一个环境变量。

➤ ENV<key>=<value>：可一次性设置多个环境变量。

修改 Dockerfile 文件，以 busybox 为基础镜像构建新镜像，在 Dockerfile 文件中使用 ENV 指令设置环境变量，命令如下所示。

```
vi Dockerfile
// 在文件中输入如下内容
FROM busybox
ENV box /hello
ENV a1 ${box}_a1
ENV a2 $box_a1
ENV a3 $box
ENV a4 ${box}
ENV a5 ${a1:-world}
ENV a6 ${a0:-world}
ENV a7 ${a1:+world}
ENV a8 ${a0:+world}
ENV a9 \$box
ENV a10 \${box}
docker build -t busybox:V7
docker run -it busybox:V7
```

(8)ADD

用于将 Docker 宿主机中 <src> 下的文件复制到 Docker 容器中的 <test> 下,类似于 SCP,但 SCP 需要验证用户名和密码,ADD 不需要。其中,<src> 为 Dockerfile 所在目录的相对路径,也可以是 URL 或 tar 文件(若为 tar 文件,会自动解压到容器中的 <test> 下);<test> 可为镜像内的绝对路径或者相对路径。ADD 指令的格式如下。

➢ ADD <src>...<test>

修改 Dockerfile 文件,使用 ADD 指令将当前文件夹中的"apache-tomcat-7.0.92.tar.gz"文件复制到容器中,命令如下所示。

```
vi Dockerfile
// 在文件中输入以下内容
FROM busybox
ADD apache-tomcat-7.0.92.tar.gz /usr/

docker build -t busybox:V8
docker run -it busybox:V8
cd /usr/
ls
```

效果如图 5-11 所示。

图 5-11 ADD 指令

(9)COPY

用于定义复制命令,其与 ADD 的区别在于 COPY 不会解压 tar 文件,并且只能在本地文件的目标路径下使用,若文件不存在会自动创建,在复制本地资源时推荐使用。COPY 指令的格式如下。

➢ COPY<sec> <test>。

同样将"apache-tomcat-7.0.92.tar.gz"文件复制到容器中,但使用 COPY 指令不会解压压缩包,命令如下所示。

```
vi Dockerfile
// 在文件中输入以下内容
FROM busybox
COPY apache-tomcat-7.0.92.tar.gz /usr/


docker build -t busybox:V9
docker run -it busybox:V9
cd /usr/
ls
```

效果如图 5-12 所示。

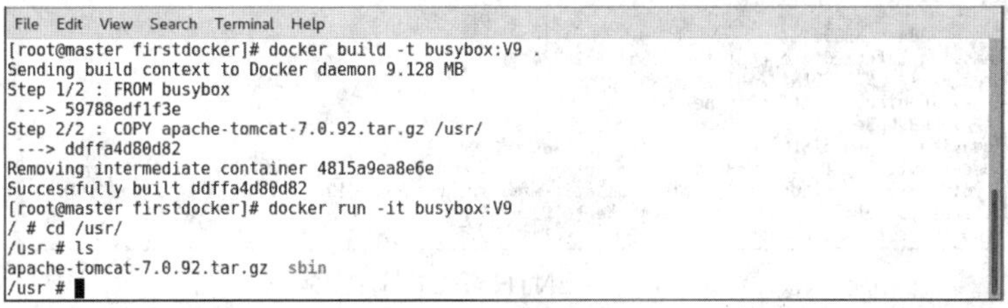

图 5-12　COPY 指令

（10）ENTRYPOINT

用于指定镜像的默认入口，在容器启动时作为根命令执行，传入的所有值都作为该指令的参数。ENTRYPOINT 指令的格式如下。

➢ ENTRYPOINT ["executable", "param1", "param2"]
➢ ENTRYPOINT command param1 param2

编写 startup 脚本文件，主要用于将文本内容输出，再修改 Dockerfile 文件，将 startup 复制到容器内容，然后构建镜像并启动容器，最后进入容器查看与 CMD 指令的区别，命令如下所示。

```
vi Dockerfile
// 文件内容如下
FROM ubuntu:14.04
ADD startup /opt
RUN chmod a+x /opt/startup
ENTRYPOINT /opt/startup


vi startup
// 文件内容如下
#!/bin/bash
```

```
        echo "in startup, args: $@"

    docker build -t busybox:V10
    docker run -ti –rm=true busybox:V10 /bin/bash -c 'echo Hello'
```

效果如图 5-13 所示。

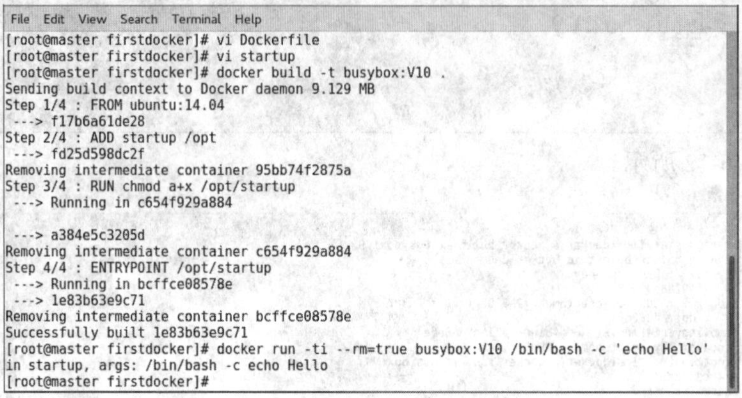

图 5-13　ENTRYPOINT 指令

（11）VOLUME

用于创建数据挂载点，可以将本地主机或其他容器挂载到容器中，以保存数据库和需要保存的数据。VOLUME 指令的格式如下。

➢ VOLUME ["/data"]

修改 Dockerfile 文件，将 Docker 宿主机中的目录挂载到 Docker 容器中，并查看宿主机中的目录与修改后容器中的目录是否同步更新，命令如下所示。

```
vi Dockerfile
//Dockerfile 文件的内容如下
FROM ubuntu:14.04
VOLUME ./firsrdocker /usr

docker build -t busybox:V11
docker run -it busybox:V11
ls
```

效果如图 5-14 所示。

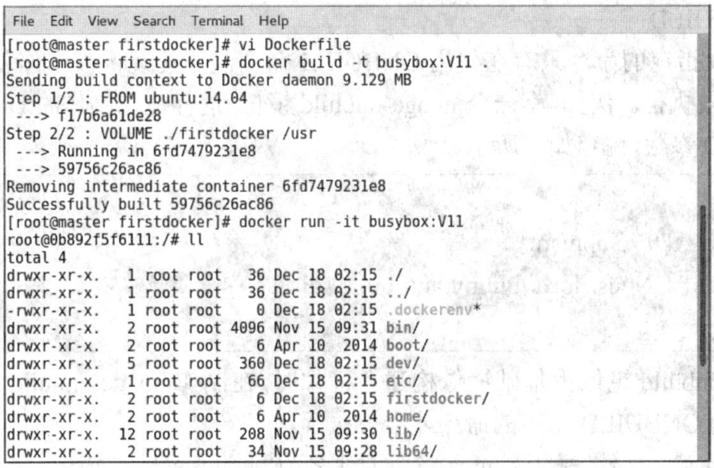

```
File Edit View Search Terminal Help
[root@master firstdocker]# vi Dockerfile
[root@master firstdocker]# docker build -t busybox:V11 .
Sending build context to Docker daemon 9.129 MB
Step 1/2 : FROM ubuntu:14.04
 ---> f17b6a61de28
Step 2/2 : VOLUME ./firstdocker /usr
 ---> Running in 6fd7479231e8
 ---> 59756c26ac86
Removing intermediate container 6fd7479231e8
Successfully built 59756c26ac86
[root@master firstdocker]# docker run -it busybox:V11
root@0b892f5f6111:/# ll
total 4
drwxr-xr-x.   1 root root   36 Dec 18 02:15 ./
drwxr-xr-x.   1 root root   36 Dec 18 02:15 ../
-rwxr-xr-x.   1 root root    0 Dec 18 02:15 .dockerenv*
drwxr-xr-x.   2 root root 4096 Nov 15 09:31 bin/
drwxr-xr-x.   2 root root    6 Apr 10  2014 boot/
drwxr-xr-x.   5 root root  360 Dec 18 02:15 dev/
drwxr-xr-x.   1 root root   66 Dec 18 02:15 etc/
drwxr-xr-x.   2 root root    6 Dec 18 02:15 firstdocker/
drwxr-xr-x.   2 root root    6 Apr 10  2014 home/
drwxr-xr-x.  12 root root  208 Nov 15 09:30 lib/
drwxr-xr-x.   2 root root   34 Nov 15 09:28 lib64/
```

图 5-14　VOLUME 指令

（12）WORKDIR

用于为 RUN、CMD、ADD、COPY 和 ENTRYPOINT 等指令设置工作目录，工作目录可设置多次。WORKDIR 指令的格式如下。

➢ WORKDIR /path/to/workdir

修改 Dockerfile 文件，在 Dockerfile 文件中使用 WORKDIR 命令指定“/usr/local”为工作目录，然后运行 RUN 指令，在“/usr/local”下创建一个文件夹，命令如下所示。

```
vi Dockerfile
//Dockerfile 文件的内容如下
FROM centos
WORKDIR /usr/locall
RUN mkdir workdirfile

docker build -t busybox:V12
docker run -it busybox:V12
ls
```

效果如图 5-15 所示。

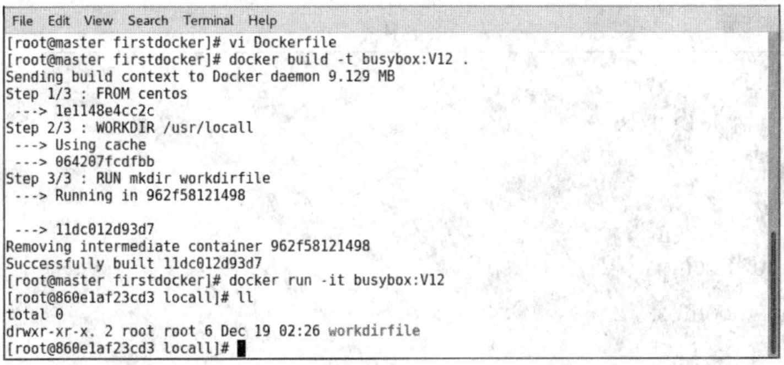

```
File Edit View Search Terminal Help
[root@master firstdocker]# vi Dockerfile
[root@master firstdocker]# docker build -t busybox:V12 .
Sending build context to Docker daemon 9.129 MB
Step 1/3 : FROM centos
 ---> 1e1148e4cc2c
Step 2/3 : WORKDIR /usr/locall
 ---> Using cache
 ---> 064207fcdfbb
Step 3/3 : RUN mkdir workdirfile
 ---> Running in 962f58121498

 ---> 11dc012d93d7
Removing intermediate container 962f58121498
Successfully built 11dc012d93d7
[root@master firstdocker]# docker run -it busybox:V12
[root@860e1af23cd3 locall]# ll
total 0
drwxr-xr-x. 2 root root 6 Dec 19 02:26 workdirfile
[root@860e1af23cd3 locall]#
```

图 5-15　WORKDIR 指令

(13) ONBUILD

ONBUILD 指定的命令只有在使用 ONBUILD 命令制作的镜像被当作基础镜像进行镜像构建时才会被执行。例如,有一个 image-onbuild 镜像,进行镜像制作的 Dockerfile 文件中包含 ONBUILD 参数,内容如下所示。

```
[...]
ONBUILD ADD . /app/src
ONBUILD RUN /usr/local/bin/python-build -dir /app/src
[...]
```

以 image-onbuild 镜像为基础镜像构建新镜像时,在制作 image-onbuild 镜像的 Dockerfile 文件中使用 ONBUILD 指定的命令才会被执行。

修改 Dockerfile 文件,基于 centos 镜像创建名为 "centos:V1" 的镜像,并在 Dockerfile 文件中添加 ONBUILD 指令,命令如下所示。

```
vi Dockerfile
// 文件的内容如下
FROM centos
ONBUILD run mkdir ./firstonbuild

docker build -t centos:V1
```

效果如图 5-16 所示。

```
[root@master firstdocker]# vi Dockerfile
[root@master firstdocker]# docker build -t centos:V1 .
Sending build context to Docker daemon 9.129 MB
Step 1/2 : FROM centos
 ---> 1e1148e4cc2c
Step 2/2 : ONBUILD run mkidr ./firstonbuild
 ---> Running in ec80a483c4f1
 ---> 34aea22cb747
Removing intermediate container ec80a483c4f1
Successfully built 34aea22cb747
[root@master firstdocker]#
```

图 5-16　ONBUILD 指令

然后在另一个文件中创建一个新的 Dockerfile 文件,以 centos:V1 为基础镜像构建 centos:V2 并启动容器,最后在 centos:V2 启动的容器中查看 firstonbuild 目录是否创建,命令如下所示。

```
vi Dockerfile
// 在文件中输入以下内容
FROM centos:V1

docker build -t centos:V2
docker run -it centos:V2
ll
```

效果如图 5-17 所示。

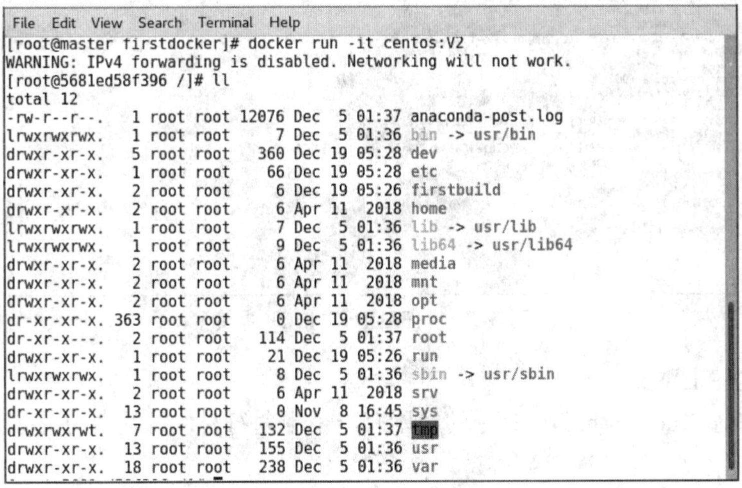

```
[root@master firstdocker]# docker run -it centos:V2
WARNING: IPv4 forwarding is disabled. Networking will not work.
[root@5681ed58f396 /]# ll
total 12
-rw-r--r--.   1 root root 12076 Dec  5 01:37 anaconda-post.log
lrwxrwxrwx.   1 root root     7 Dec  5 01:36 bin -> usr/bin
drwxr-xr-x.   5 root root   360 Dec 19 05:28 dev
drwxr-xr-x.   1 root root    66 Dec 19 05:28 etc
drwxr-xr-x.   2 root root     6 Dec 19 05:26 firstbuild
drwxr-xr-x.   2 root root     6 Apr 11  2018 home
lrwxrwxrwx.   1 root root     7 Dec  5 01:36 lib -> usr/lib
lrwxrwxrwx.   1 root root     9 Dec  5 01:36 lib64 -> usr/lib64
drwxr-xr-x.   2 root root     6 Apr 11  2018 media
drwxr-xr-x.   2 root root     6 Apr 11  2018 mnt
drwxr-xr-x.   2 root root     6 Apr 11  2018 opt
dr-xr-xr-x. 363 root root     0 Dec 19 05:28 proc
dr-xr-x---.   2 root root   114 Dec  5 01:37 root
drwxr-xr-x.   2 root root    21 Dec 19 05:26 run
lrwxrwxrwx.   1 root root     8 Dec  5 01:36 sbin -> usr/sbin
drwxr-xr-x.   2 root root     6 Apr 11  2018 srv
dr-xr-xr-x.  13 root root     0 Nov  8 16:45 sys
drwxrwxrwt.   7 root root   132 Dec  5 01:37 tmp
drwxr-xr-x.  13 root root   155 Dec  5 01:36 usr
drwxr-xr-x.  18 root root   238 Dec  5 01:36 var
```

图 5-17　ONBUILD 指令

（14）HEALTHCHECK

用于指定启动的容器如何进行健康检查（判断自身是否正常运行）。Docker 指令的格式如下。

➢ HEALTHCHECK [OPTIONS] CMD command：根据命令返回值是否为 0 判断。

其中，OPTIONS 选项可采用如下参数。

--interval=DURATION（默认为 30 s）：检查时间间隔。

--timeout=DURATION（默认为 30 s）：等待检查结果超时时间。

--retries=N（默认为 3 次）：监测失败后的重试次数。

➢ HEALTHCHECK NONE：禁止进行健康检查。

修改 Dockerfile 文件，基于 centos 镜像在创建名为"centos:V4"的镜像时添加 HEALTH-CHECK 指令，命令如下所示。

```
vi Dockerfile
// 在文件中输入以下内容
FROM centos
HEALTHCHECK --interval=3s --timeout=3s CMD echo " HEALTHCHECK"


docker build -t centos:V4
docker run -dit centos:V4
```

效果如图 5-18 所示。

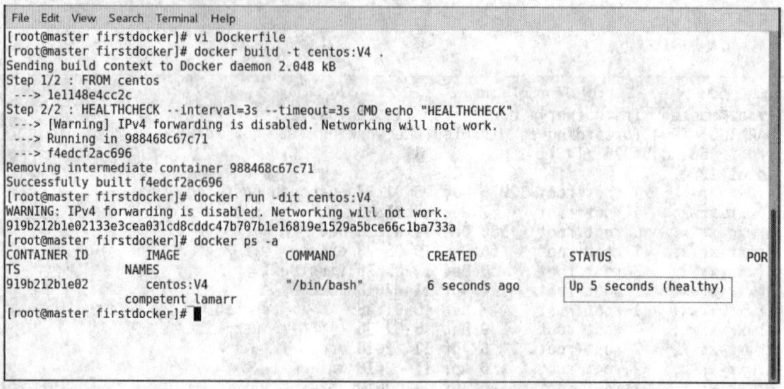

图 5-18 HEALTHCHECK 指令

4. 镜像构建上下文

构建镜像时，"docker build"命令的结尾有一个半角符号"."，这个符号表示在当前目录中构建上下文。

构建镜像时，并非所有操作都通过 RUN 指令完成，为了节约网络资源，通常使用 COPY、ADD 等指令将本地文件复制到镜像中。使用"docker build"命令构建镜像并非在本地构建，而是通过 Docker 引擎构建。由于 Docker 引擎的一些局限性，需要借助上下文才能将文件复制到镜像中，因此构建镜像时用户需要指定上下文的路径。使用"docker build"命令获得上下文的路径后，将该路径下的所有内容打包上传到 Docker 引擎中，Docker 引擎接收到上下文包后将其展开，得到构建镜像需要的文件。例如，一个 Dockerfile 中包含如下命令：

```
……
COPY ./student.json /app/
……
```

该命令是复制上下文目录下的"student.json"文件。

5. 镜像构建优化

要想构建高效的镜像，必须掌握 Dockerfile 文件中每条指令的含义和执行效果。Docker Hub 官方仓库提供了大量优秀的镜像和 Dockerfile 文件供阅读学习。镜像构建优化可以通过以下几点实现。

➢ 精简镜像：避免构造功能多的镜像，尽量保持每个镜像功能单一。

➢ 选择镜像：尽量避免选用过大的基础镜像，以免造成系统臃肿，推荐使用 debian 镜像。

➢ 注释信息：构建 Dockerfile 需注明版本号、开发者信息等。

➢ 版本号信息：构建镜像时明确版本号信息，以免造成版本混乱。

➢ 减少镜像层数：尽量将指令合并。

技能点二　自动化构建镜像

1. 自动化构建镜像简介

除了在本地构建镜像后使用"push"命令将其推送到 Docker Hub 外，还可以采用 Docker Hub 提供的自动化构建技术在服务端直接构建镜像。将 Docker Hub 连接一个包含 Dockerfile 文件的 GitHub 或 Bitbucket 仓库，Docker Hub 的构建集群服务器就会自动构建镜像。采用这种方式构建的镜像会被标记为 Automated Build，也可以称为授信构建（Trusted Build）。采用自动化构建有以下几个优点。

- 用户可以确保拉取的镜像是采用特定方式构建的。
- 访问 Docker Hub 的用户能够自由查阅 Dockerfile 文件。
- 代码变化后仓库会自动更新。

2. 配置 GitHub 密钥

GitHub 是一个开源的分布式版本控制系统，可以对项目进行版本管理。早期 Linux 之父就是用 GitHub 来管理 Linux 系统的源代码的。在 GitHub 中可以托管各种 Git 库，并且 GitHub 提供了友好的 web 界面。采用 Docker Hub+GitHub 的方式进行镜像的自动化构建需要注册 GitHub 账号并创建一个版本库，GitHub 的网址为 https://github.com。账号注册成功后进行版本库的配置，步骤如下。

①在本地 Centos7 主机上安装 GitHub 插件，然后生成 SSH 秘钥文件并查看密钥文件的内容，命令如下所示。

```
yum -y install git
ssh-keygen -t rsa
cd ~/.ssh
cat id_rsa.pub
```

效果如图 5-19 所示。

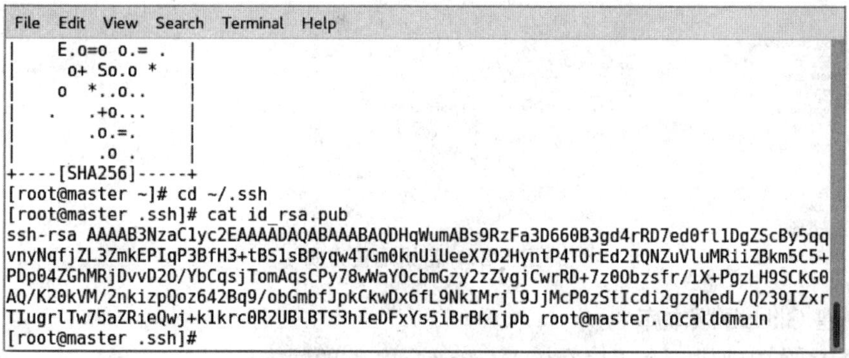

图 5-19　配置 GitHub 并生成密钥

②登录 GitHub，点击用户图标，选择"Setting"→"SSH and GPG keys"→"New SSH

key",设置密钥的 Title(标题)为"edu-docker",并将上一步中的密钥内容配置到 key(密钥)中,点击"Add SSH Key"按钮添加密钥后页面跳转到密钥配置完成页面,效果如图 5-20 和图 5-21 所示。

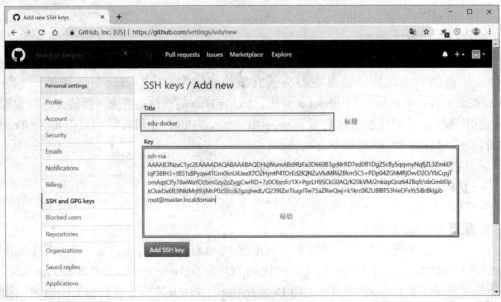

图 5-20　配置密钥

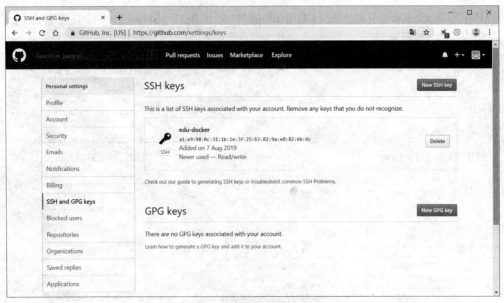

图 5-21　密钥配置完成

3. 创建 GitHub 版本库

在 GitHub 中创建一个用以存储 Dockerfile 文件的版本库,并在本地新建 Dockerfile 文件后上传到 GitHub 版本库中,步骤如下。

①点击页面右上角的用户头像左边的加号选择"New repository",创建一个名为"docker"的仓库,完成后点击"Create repository",效果如图 5-22 和图 5-23 所示。

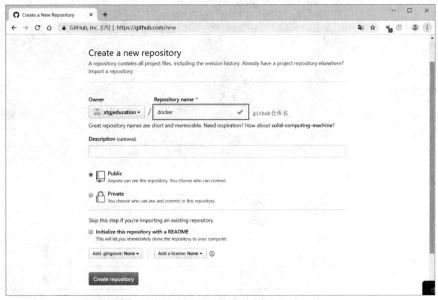

图 5-22　创建 GitHub 仓库

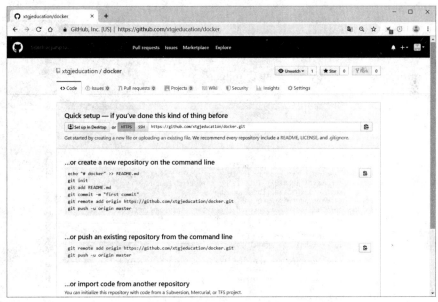

图 5-23　GitHub 仓库创建完成

②克隆 GitHub 仓库,在克隆的文件夹中创建一个基于 Ubuntu 的 Dockerfile 文件,然后使用 RUN 指定一个在新镜像中创建"a.txt"文本文件的命令,命令如下所示。

```
// 从 GitHub 中获取项目
git clone git@github.com:xtgjeducation/docker.git
// 进入“docker”文件
cd ./docker
// 创建 Dockerfile 文件
touch Dockerfile
vi Dockerfile
// 在文件中添加如下内容
FROM ubuntu
RUN touch a.txt
```

效果如图 5-24 所示。

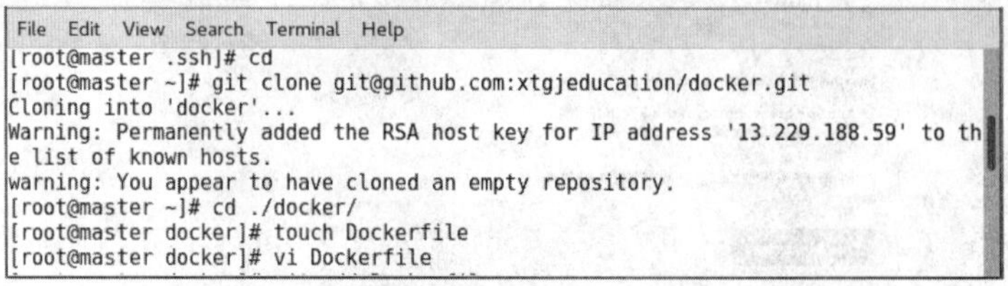

```
File  Edit  View  Search  Terminal  Help
[root@master .ssh]# cd
[root@master ~]# git clone git@github.com:xtgjeducation/docker.git
Cloning into 'docker'...
Warning: Permanently added the RSA host key for IP address '13.229.188.59' to th
e list of known hosts.
warning: You appear to have cloned an empty repository.
[root@master ~]# cd ./docker/
[root@master docker]# touch Dockerfile
[root@master docker]# vi Dockerfile
```

图 5-24　克隆仓库并新建 Dockerfile 文件

③使用“git add”命令提交 Dockerfile 文件，然后添加提交时对文件的描述信息，最后上传到 GitHub 仓库中，命令如下所示。

```
vi Dockerfile
git add Dockerfile
git commit -m "This is my automated images"
git push origin master
```

效果如图 5-25 所示。

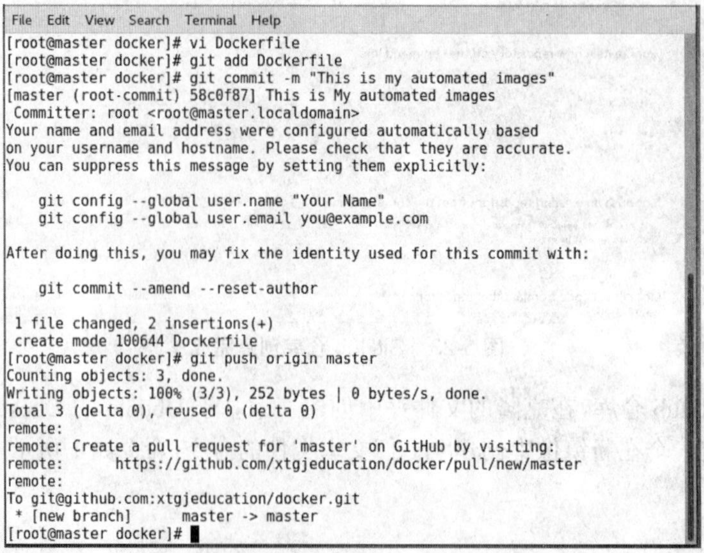

```
File  Edit  View  Search  Terminal  Help
[root@master docker]# vi Dockerfile
[root@master docker]# git add Dockerfile
[root@master docker]# git commit -m "This is my automated images"
[master (root-commit) 58c0f87] This is My automated images
 Committer: root <root@master.localdomain>
Your name and email address were configured automatically based
on your username and hostname. Please check that they are accurate.
You can suppress this message by setting them explicitly:

    git config --global user.name "Your Name"
    git config --global user.email you@example.com

After doing this, you may fix the identity used for this commit with:

    git commit --amend --reset-author

 1 file changed, 2 insertions(+)
 create mode 100644 Dockerfile
[root@master docker]# git push origin master
Counting objects: 3, done.
Writing objects: 100% (3/3), 252 bytes | 0 bytes/s, done.
Total 3 (delta 0), reused 0 (delta 0)
remote:
remote: Create a pull request for 'master' on GitHub by visiting:
remote:      https://github.com/xtgjeducation/docker/pull/new/master
remote:
To git@github.com:xtgjeducation/docker.git
 * [new branch]      master -> master
[root@master docker]#
```

图 5-25　上传 Dockerfile 文件

④查看 GitHub 是否上传成功。登录 GitHub，点击左下角的"xtgjeducation/docker"（xtgjeducation 为 GitHub 账号，docker 为仓库名）进入存储库，然后单击 Dockerfile 文件查看文件内容，效果如图 5-26 和图 5-27 所示。

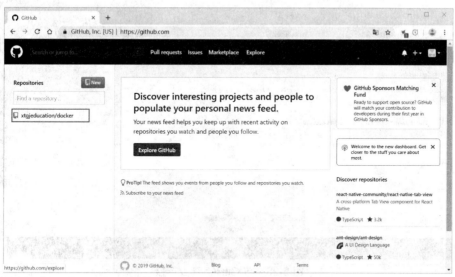

图 5-26　进入 GitHub 存储库

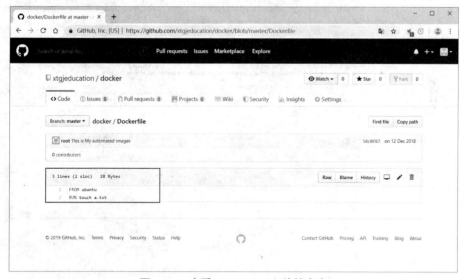

图 5-27　查看 Dockerfile 文件的内容

4. 创建自动化构建镜像库

登录 Docker Hub，建立与 GitHub 版本库的关联，并创建自动化构建镜像，步骤如下。

①登录 Docker Hub，然后点击"Create Repository"按钮进入 Create Repository 页面，找到 Build Settings，点击"GitHub"图标进入选择仓库页面，效果如图 5-28 和图 5-29 所示。

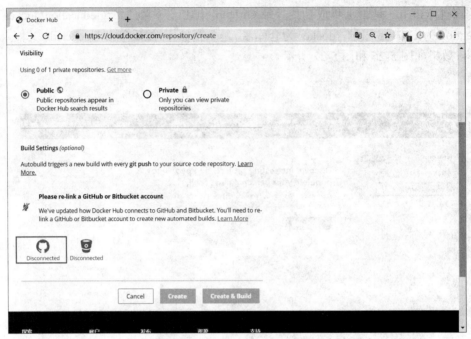

图 5-28 与 GitHub 建立连接

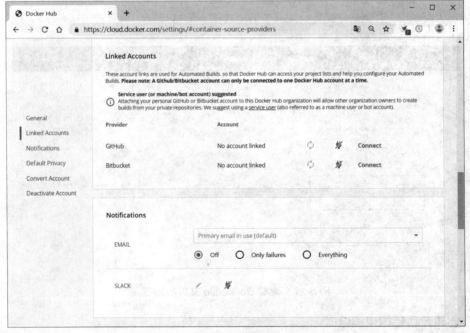

图 5-29 设置链接

②点击 GitHub 后面的"Connect"按钮,开启 Docker Hub 到 GitHub 的链接,效果如图 5-30 所示。

项目五　Docker 升级之镜像构建

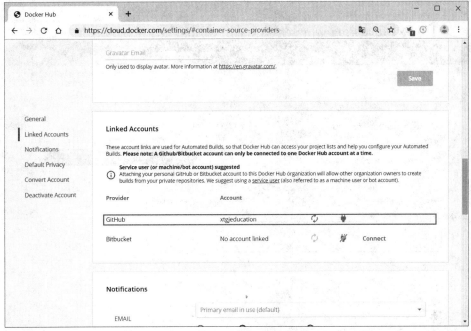

图 5-30　开启链接

③点击页面左上角的图标返回 Docker Hub 首页,选择任意仓库进行自动化构建配置。点击"Configure Automated Builds"按钮设置 Dockerfile 文件的路径,配置完成后点击"Save and Build"按钮开始构建,构建完成后点击"Tags"按钮查看构建结果,效果如图 5-31 和图 5-32 所示。

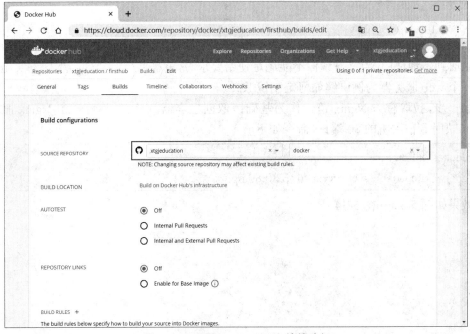

图 5-31　设置 Dockerfile 文件的路径

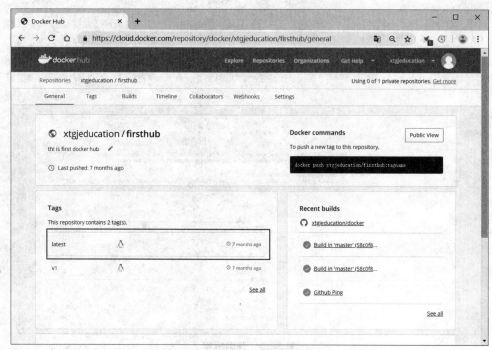

图 5-32 开始构建镜像

Docker Hub 官方镜像仓库为开发人员提供了大量镜像,用户可直接使用"pull"命令将镜像拉取到本地使用,当官方镜像不能满足使用要求时,就需要定制镜像。本任务实施以自定义一个 web 服务器为例讲解如何定制镜像。

第一步,拉取官方 Nginx 镜像作为基础镜像创建容器,启动时将容器中 Nginx 服务的 80 端口映射到宿主机的 80 端口,命令如下所示。

```
docker pull nginx
docker run --name webserver -d -p 80:80 nginx
```

效果如图 5-33 和图 5-34 所示。

```
File  Edit  View  Search  Terminal  Help
[root@master ~]# docker pull nginx
Using default tag: latest
Trying to pull repository docker.io/library/nginx ...
sha256:5d32f60db294b5deb55d078cd4feb410ad88e6fe77500c87d3970eca97f54dba: Pulling from docker.io/
library/nginx
a5a6f2f73cd8: Already exists
1ba02017c4b2: Pull complete
33b176c904de: Pull complete
Digest: sha256:5d32f60db294b5deb55d078cd4feb410ad88e6fe77500c87d3970eca97f54dba
Status: Downloaded newer image for docker.io/nginx:latest
[root@master ~]# docker run --name webserver -d -p 80:80 nginx
WARNING: IPv4 forwarding is disabled. Networking will not work.
8495510dbb4cf464cb7ecf03df3dcd27c3a90154629ac81cc9947ba1167d5632
[root@master ~]# ▌
```

图 5-33　启动 Nginx 服务

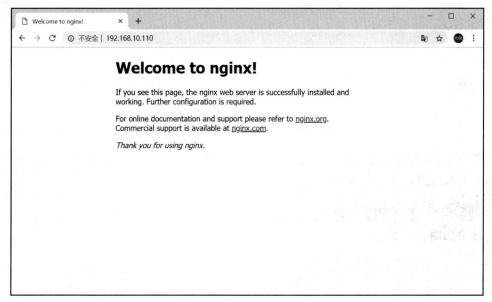

图 5-34　Nginx 欢迎页面

第二步，使用“docker exec”命令进入 Nginx 容器，并将 Nginx 欢迎页面修改为“Hello, Docker”，命令如下所示。

```
docker exec -it webserver bash
```

效果如图 5-35 和图 5-36 所示。

```
File  Edit  View  Search  Terminal  Help
[root@master ~]# docker exec -it webserver bash
root@692b04e76c7e:/# echo '<h1>Hello,Docker!</h1>'> /usr/share/nginx/html/index.html
root@692b04e76c7e:/# ▌
```

图 5-35　修改 Nginx 欢迎页面

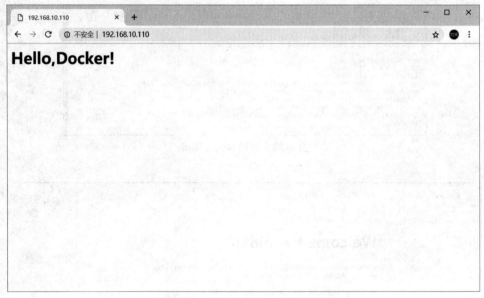

图 5-36　修改后的 Nginx 欢迎页面

第三步，对容器文件进行修改，相当于进行容器存储层的修改。可使用"docker diff"命令查看具体修改内容，命令如下所示。

> docker diff webserver

效果如图 5-37 所示。

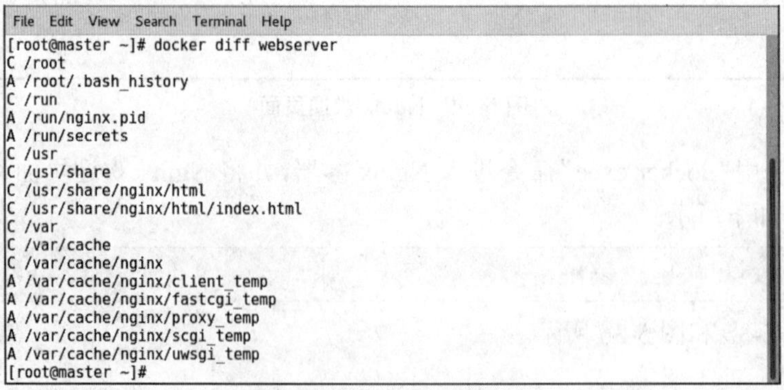

图 5-37　查看修改内容

第四步，容器定制完成后，要想持久化该容器，需要将其保存为镜像。使用"docker commit"命令可在原镜像的基础上叠加容器存储层，实现新镜像的构建，命令如下所示。

> docker commit --message "web updata" webserver nginx:v2
> docker ps -a

效果如图 5-38 所示。

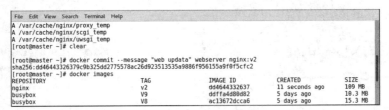

图 5-38　保存镜像

第五步，使用"docker history"命令查看镜像内的修改记录，命令如下所示。

```
docker history nginx:v2
```

效果如图 5-39 所示。

图 5-39　查看修改记录

第六步，使用新镜像启动一个 Nginx 容器，并用浏览器访问看是否为修改后的镜像，命令如下所示，效果如图 5-1 所示。

```
docker run --name web2 -d -p 81:80 nginx:v2
```

至此，自定义镜像定制完成。

任务总结

通过构建 Docker 自定义镜像功能的实现，对使用 Dockerfile 构建镜像和自动化构建镜像的相关知识有了初步的了解，对 Dockerfile 文件的定义及使用等有所了解并掌握，并能够应用所学的镜像构建相关知识实现应自定义镜像的构建。

build	建立	run	启动
option	选择	commit	提交
path	路径	save	保存
label	标签	image	镜像
copy	复制	history	历史

1. 选择题

（1）（　　）用来设置 CPU 使用权重。
A.--cpu-quota　　B.--cpuset-cpus　　C.--cpu-shares　　D.--cpuset-mems

（2）Dockerfile 指令中用来设置容器的环境变量的指令是（　　）。
A.FROM　　B.CMD　　C.COPY　　D.ENV

（3）"docker build"命令中的"-m"用于（　　）。
A. 设置内存的最大值　　B. 指定使用的 Dockerfile 路径
C. 设置镜像使用的元数据　　D. 设置内存的最大值

（4）"docker build"命令中的"--quiet"（　　）。
A. 用于安静模式，启用后只输出镜像的 ID　　B. 用于设置内存的最大值
C. 用于指定使用的内存的 ID　　D. 用于设置镜像使用的元数据

（5）Dockerfile 文件中的 ARG 指令的作用是（　　）。
A. 指定基础镜像　　B. 创建数据卷挂载点
C. 指定镜像内使用的参数　　D. 执行命令

2. 简答题

（1）什么是 Dockerfile？
（2）简述自动化构建镜像的过程。

项目六 Docker 强化之高级应用程序构建

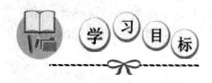

通过实现 Docker 高级应用程序的构建，了解 Java Web 的概念及环境要求等相关知识，熟悉 Java Web 应用的构建流程，掌握 Word Press 环境的搭建，具有使用 Docker 搭建 Nginx 负载均衡服务的能力，在任务实现过程中：

- 了解 Java Web 的相关知识；
- 熟悉 Java Web 应用的构建步骤；
- 掌握 WordPress 环境的搭建；
- 具有实现负载均衡服务的能力。

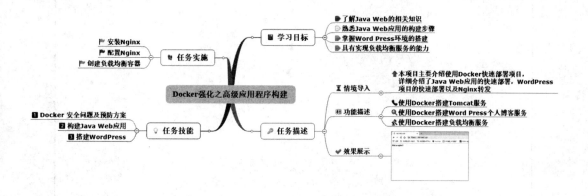

【情境导入】

Docker 相关的基本知识已经讲解完毕,通过前面的学习,能够使用 Docker 的相关知识实现一些简单应用程序的构建,但还不知道在实际的项目开发中怎么使用 Docker 搭建开发相关的环境。本项目通过对 Docker 高级应用程序构建相关知识的讲解,最终完成 Nginx 负载均衡服务的搭建。

【功能描述】

- 使用 Docker 搭建 Tomcat 服务;
- 使用 Docker 搭建 WordPress 个人博客服务;
- 使用 Docker 搭建负载均衡服务。

【效果展示】

通过对本任务的学习,使用 Docker 高级应用程序构建的相关知识完成 Nginx 负载均衡服务的搭建,效果如图 6-1 和图 6-2 所示。

图 6-1 效果图一

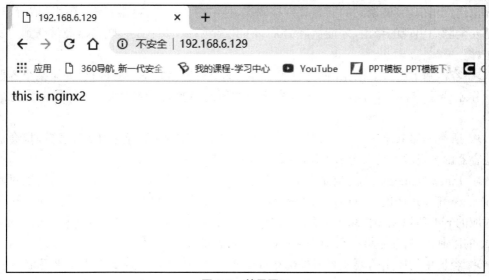

图 6-2　效果图二

技能点一　Docker 安全问题及预防方案

Docker 是基于 Linux 操作系统的应用虚拟化，为了便于持续集成和快速部署，其减少了部署环节，随之而来的是安全控制问题。Gartner 在确定安全技术时分析了容器安全面临的挑战：容器共享主机，但容器本身并不完全安全。开发人员部署时没有安全顾问参与，也没有安全架构师指导，配置不当可能给系统带来安全风险。

Docker 容器的安全性主要依赖 Linux 系统，评估 Docker 的安全性能时，主要考虑以下方面。

➢ 内核命名空间和控制组件机制提供的容器隔离安全。
➢ Docker 程序的抗攻击性。
➢ 内核安全性的加强机制对容器安全性的影响。

1. 安全问题简介

Docker 容器安全被质疑的一点是隔离的彻底性，与其形成对比的是当前成熟的虚拟机技术。Docker 容器只对进程和文件进行虚拟化，而虚拟技术做到了 OS 的虚拟，由此可以看出虚拟机的隔离性优于 Docker 容器。但换个角度看，这恰恰是 Docker 的优点之一。在容器虚拟化应用中,可能遇到的问题有内核漏洞、拒绝服务攻击、容器突破、密钥获取等,只有清楚安全隐患出现的缘由,才能做好 Docker 的安全防护,以下是一些容器经常遇到的安全问题。

➢ 容器基于内核虚拟化,主机与宿主机中的所有容器共享一套内核,如果某个容器因为操作不当造成内核崩溃,会使这台机器中的所有容器都受到影响,这种现象称为内核漏洞。

➢ 所有容器共享一套内核,当一个容器独占了 CPU、内存、各种 ID 等资源时,会造成其他容器由于资源不足而无法工作,这种现象称为拒绝服务攻击。

➢ Linux Namespace 机制提供了一种资源隔离方案,每个 namespace 下的资源对其他 namespace 都是透明的,PID、IPC、Network 等资源不是全局性的,每个特定的 namespace 都有对应的 pid,所以从操作系统的角度看会有很多相同的 pid 进程,若 pid 进程突破了 namespace 的限制,它将在主机中获得 root 权限,这种现象称为容器突破。

➢ 容器中的应用需要从容器外部获取一些服务,获取服务需要密钥,如果密钥因保存不当被攻击者获取,就会有很多隐患,这种现象称为密钥获取。

Docker 需要全生命周期的安全防护,以 Docker 一个生命周期中的安全问题为例设计 Docker 的安全防护,Docker 容器的生命周期分为如图 6-3 所示的三个状态。

图 6-3 Docker 的生命周期效果图

Docker 容器的生命周期是镜像文件产生、运行、停止的过程,其安全防护的本质如图 6-4 所示。

> Docker 安全防护在 本质上是保证 Docker 镜像在创建、存储、传输、运行过程中的安全

图 6-4 Docker 安全防护的本质

在企业中,一个产品的发布流程是:研发人员提交代码;QA 和安全人员使用工具进行编译和测试;运维人员将最终版本发布到生产环境中。简单来说,Docker 的全生命周期安全防护可分为两个阶段:生产环境和非生产环境。在生产环境中确保镜像正确运行,在非生产环境中保证镜像安全可靠,安全防护阶段划分图如图 6-5 所示。

2. 开发环境安全防护

在容器运行之前可以采用获取镜像、隔离主机、设定用户身份、删除特定权限、扫描第三方插件等方式进行安全防护。

➢ 获取镜像:对镜像的预防应该从获取镜像做起,拉取镜像时,可以通过数字签名查看拉取的镜像是否安全。从 1.8 版本开始,Docker 采取了数字签名机制——content trust,以确保镜像来源的安全性。通俗地讲,就是在制作镜像时可以选择是否对镜像进行签名,如果一致认为数据源可靠,则可进行下载。

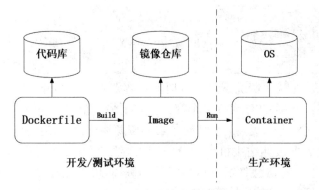

图 6-5 安全防护阶段划分图

➢ 隔离主机：为防止容器攻击、DOS 攻击，可以采用将不同用户的容器放在不同的主机中，将存储了特殊数据的容器和普通容器分隔开，将直接暴露给终端用户的容器单独隔离等物理隔离方法。

➢ 设定用户身份：在应对容器逃逸而获得宿主机权限的问题时，应使用非 root 用户身份运行容器内部的应用。如果运行容器时定义了用户信息，则容器启动时默认用户为该用户，并且不需要特定的命名空间映射。

➢ 删除特定权限：有时滥用权限是由 setuid 和 setgid 权限设置不当引起的，setuid 和 setgid 可以提升权限，如果被滥用可能提升非法权限。在镜像中可以通过添加 Dockerfile 中的命令删除这些权限，例如：

```
// 添加命令
RUN find / -perm +6000-type f-exec chmod a-s {} \;|| true
```

➢ 扫描第三方插件：拉取的镜像中可能含有许多第三方插件和软件包，需要对软件包等进行漏洞扫描，还需要根据扫描结果更新软件或安装补丁。CoreOS 提供了一款 Docker 镜像安全扫描器 Clair，可对镜像文件进行安全扫描，和 CVE 结合反馈漏洞扫描结果。

3. 生产环境安全防护

容器运行后需要加强容器的安全机制，可以从限制容器通信、验证身份、限制内存、设定优先级、限制能力等方面进行安全防护。

➢ 限制容器通信：同一主机中存在多个容器，如果不对容器之间的网络流量进行限制，容器就可能获取网络上的所有数据包，导致数据泄露。可以在守护进程模式下运行 Docker，使用参数 "-icc = false" 限制指定容器间的通信。

➢ 验证身份：Docker 一般使用 root 权限运行在 Unix 上的守护程序，有时还会将守护程序绑定到 TCP 端口上。有权限访问套接字和端口的用户就可以访问守护程序，所以一般不将 Docker 守护程序绑定到另一个套接字或端口上。如果不可避免暴露 Docker 守护程序，应为守护程序配置 TL 验证。

➢ 限制内存：Docker 容器一般可以使用主机的所有内存，限制内存使用机制可以防止容器消耗所有主机资源而导致拒绝服务攻击。在命令中添加如下命令：

> // 添加命令
> docker run < 运行参数 > --memory <memory-size> <Container ImageName 或 ID> <Command>

➢ 设定优先级：在默认情况下，CPU 时间在容器内是平均分配的，可以使用共享 CPU 来设定容器优先级。共享 CPU 允许某个容器优先于另一个容器，并禁止优先级低的容器频繁使用 CPU 资源，这样优先级高的容器有足够的资源运行，可以避免资源不足的现象。

➢ 限制能力：容器破坏宿主机大部分是因为容器上的 root 用户和宿主机上的 root 用户权限相同，所以破坏容器会使宿主机系统遭到破坏，可以通过降低容器的能力减小此风险。为了支持更加细粒度的权限管理方式，Linux 内核工程师开发了 Linux 能力，它尝试将 root 权限拆分成可以独立授予的功能片段。表 6-1 列出了各项 Linux 能力，给出了各项能力的简要介绍，标明了是否在 Docker 中默认开启。

表 6-1 Docker 容器中的 Linux 能力

能力	描述	是否开启
CHOWN	对任意文件进行所有权改变	是
DAC_OVERRIDE	重载读、写和执行权限检查	是
FSETID	修改文件时不清除 suid 和 guid 位	是
FOWNER	存储文件时无视所有权检查	是
KILL	对于信号，绕过权限检查	是
MKNOD	使用 mknod 创建特殊文件	是
NET_RAW	使用原始套接字和分组套接字并绑定到端口上，以进行透明代理	是
SETGID	对进程的组所有权进行更改	是
SETUID	对进程的用户所有权进行更改	是
SETFCAP	设定文件能力	是
SETPCAP	如果不支持文件能力，则对来自其他进程和发往其他进程的能力进行限制	是
NET_BIND_SERVICE	将套接字绑定到小于 1024 的端口上	是
SYS_CHROOT	使用 chroot	是
AUDIT_WRITE	写入内核日志	是
AUDIT_CONTROL	启用/禁用内核日志记录	否
BLOCK_SUSPEND	使用能阻止系统终止的特性	否
DAC_READ_SEARCH	绕过读取文件和目录时的权限检查	否
IPC_LOCK	锁定内存	否
IPC_OWNER	绕过进程间通信对象权限	否
LEASE	在一般文件上建立租约	否

续表

能力	描述	是否开启
LINUX_IMMUTABLE	设立 i-node 标志 FS_APPEND_FL 和 FS_IMMUTABLE_FL	否
MAC_ADMIN	重载强制访问控制	否
MAC_OVERRIDE	改变强制访问控制	否
NET_ADMIN	各种与网络相关的操作,包括改变 IP 防火墙和配置网关	否
NET_BROADCAST	不再使用	否
SYS_ADMIN	一系列管理员功能,查看 man capabilities 获取更多信息	否
SYS_BOOT	重启	否
SYS_MODULE	装载/卸载内核模块	否
SYS_NICE	操纵进程的 nice 优秀级	否
SYS_PACCT	开启或关闭进程记账	否
SYS_PTRACE	追踪进程的系统调用以及其他进程操纵能力	否
SYS_RAWIO	对系统很多核心部分进行输入/输出,如内存和 SCSI 设备命令	否
SYS_RESOURCE	控制和重载多种资源限制	否
SYS_TIME	设置系统时钟	否
SYS_TTY_CONFIG	在虚拟终端上的特权操作	否

技能点二　构建 Java Web 应用

1.Java Web 简介

Java Web 是 Java 技术和 Web 有关技术的总和。Web 包括 Web 客户端和 Web 服务器端两部分。Java 在客户端的应用有 Java Applet,但是使用得不多;Java 在服务器端的应用非常丰富,比如 Servlet、JSP 和第三方框架。Java 技术为 Web 领域的发展提供了强大的动力,Java Web 构建示意图如图 6-6 所示。

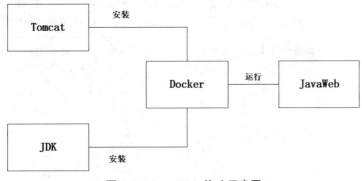

图 6-6　Java Web 构建示意图

Tomcat 服务器是一个基于 Web 应用的免费开源服务器,属于轻量级应用服务器,在中小型系统和并发访问用户不是很多的场合被普遍使用,是开发和调试 JSP 程序的首选。一台机器配置了 Apache 服务器,便可利用它响应 HTML 页面的访问请求。Tomcat 服务器是 Apache 服务器的扩展,Tomcat 是独立运行的,所以运行 Tomcat 实际上相当于单独运行一个 Apache 进程。

JDK 是 Java 语言的软件开发工具包,使用 Java 编程语言构建应用程序、Applet 和组件的开发环境,可以用于移动端、嵌入式设备上的 Java 应用程序。JDK 是 Java 开发的核心,包括 Java 的运行环境(JVM+Java 系统类库)和 JAVA 工具。

2.Java Web 环境搭建

在构建 Java Web 应用之前需要作一些准备,即搭建 Java Web 环境,包括 JDK、Tomcat 的安装,其中 JDK 是 Java Web 的运行环境,Tomcat 能实现 Java Web 的部署发布。通过下面几个步骤能在 CentOS 环境中实现 Java Web 环境的搭建。

第一步,拉取一个 CentOS 镜像,在其中进行相关环境的搭建,命令如下所示。

```
// 拉取镜像
docker pull centos
// 查看镜像
docker images
```

效果如图 6-7 所示。

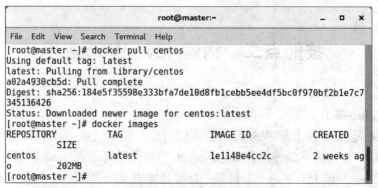

图 6-7 拉取镜像

第二步,使用刚才拉取的 CentOS 镜像创建、启动并进入一个容器,在创建实现将存放 JDK、Tomcat 源码包的文件夹挂载到容器的"/mnt/software/"目录下,命令如下所示。

```
docker run -it --privileged=true --name centos -v /root/software/:/mnt/software/ centos:latest /bin/bash
```

效果如图 6-8 所示。

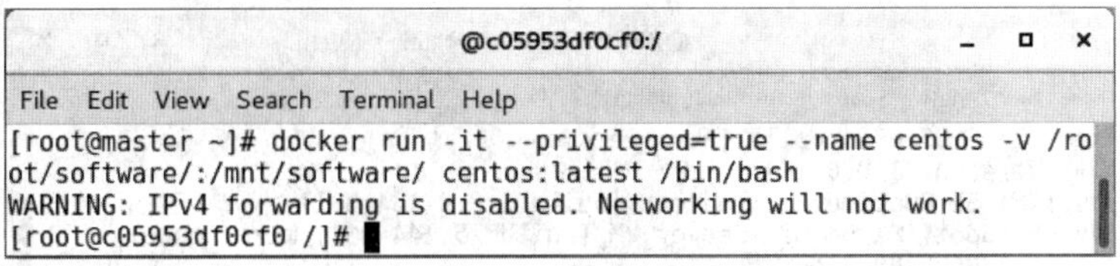

项目六 Docker 强化之高级应用程序构建

图 6-8 创建并启动容器

第三步,在"/mnt/software/"目录下查看是否存在 JDK 和 Tomcat 的压缩包,命令如下所示。

```
cd /mnt/software/
ll
```

效果如图 6-9 所示。

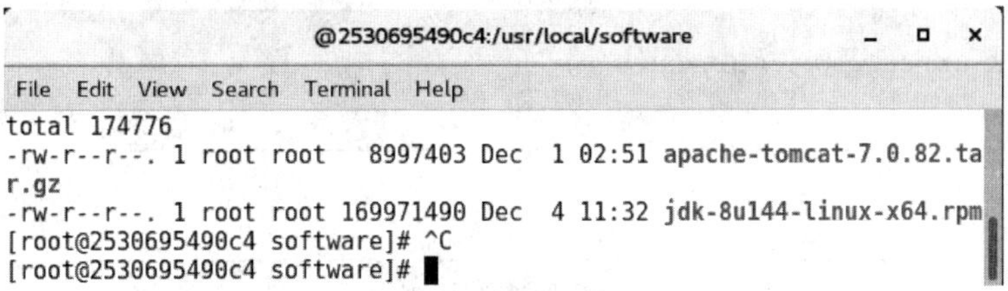

图 6-9 查看文件

第四步,安装 JDK。在"/mnt/software/"目录下看到 JDK、Tomcat 两个压缩包后,不要把文件解压到当前目录下,应创建一个文件夹,在这个文件夹中解压。

```
cd /opt
rpm -ivh /mnt/software/jdk-8u144-linux-x64.rpm
```

效果如图 6-10 所示。

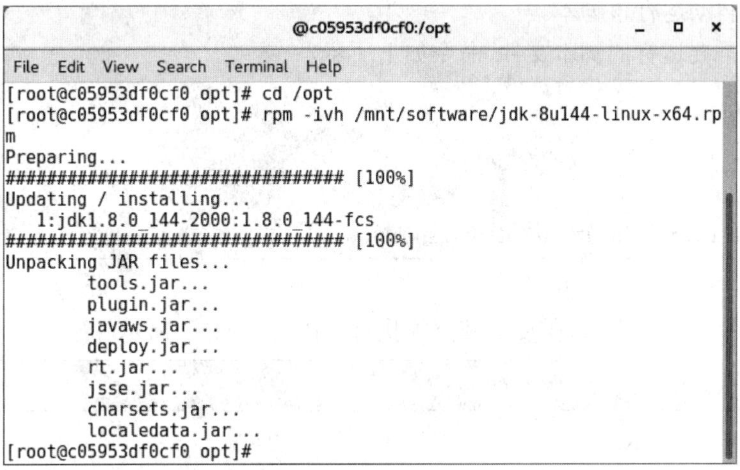

图 6-10 安装 JDK

然后使用"java -version"命令查看 Java 环境是否配置成功,如图 6-11 所示。

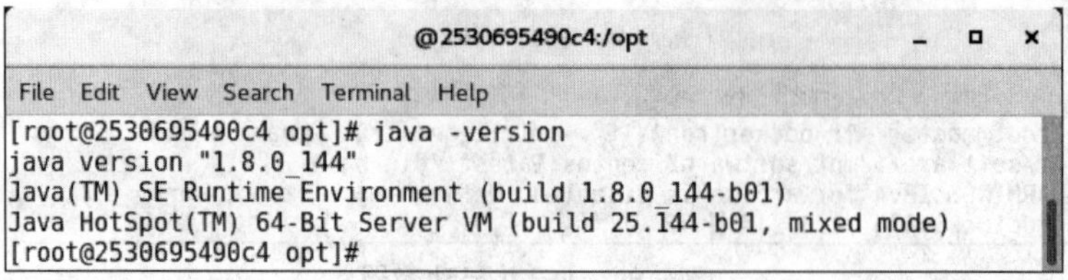

图 6-11　查看 JDK 版本

如果有 Java 版本号则表示成功，否则之后的步骤不能继续进行。

第五步，安装 Tomcat。安装 Tomcat 的方式尽管与安装 JDK 不同，但同样只需解压源码包就可以实现安装，解压后更改文件名称，命令如下所示。

```
// 解压 Tomcat 安装包
tar -zxf /mnt/software/apache-tomcat-7.0.82.tar.gz -C .
// 更改文件夹名称
mv apache-tomcat-7.0.82/ tomcat/
ll
```

效果如图 6-12 所示。

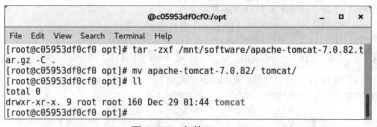

图 6-12　安装 Tomcat

第六步，编写运行脚本。JDK 和 Tomcat 安装完成之后就需要编写启动容器的脚本，容器启动时就会自动运行该脚本。

首先创建需要运行的脚本文件，命令如下所示。

```
vi /root/run.sh
// 脚本的内容如下
#!/bin/bash
sh /mnt/software/tomcat/bin/catalina.sh run
```

sh 后的路径为 Tomcat 的路径。

脚本文件编写完成之后，需要给其添加执行权限，命令如下所示。

```
chmod u+x /root/run.sh
```

效果如图 6-13 所示。

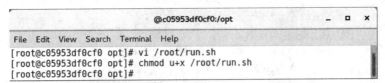

图 6-13　编写运行脚本并添加执行权限

这样就创建好一个有 Java 环境和 Tomcat 环境的容器了。

3. Java Web 应用构建

Java Web 环境搭建好以后，就可以进行 Java Web 应用的构建了，通过下面几个步骤即可构建 Java Web 应用。

第一步，找到搭建好环境的名称为"centos"的容器，使用"docker commit"命令通过"centos"容器构建一个可运行 Java Web 的镜像，命令如下所示。

```
docker ps -a
//"java/tomcat"为镜像的名称
docker commit ebf5db9b1f03 java/tomcat
```

效果如图 6-14 所示。

图 6-14　生成镜像

第二步，使用前面创建的"javaweb/tomcat"镜像创建并启动一个容器，创建时给容器映射一个外部端口，并加入一个启动 Tomcat 服务的命令，该命令执行的文件就是前面创建的"run.sh"脚本文件，命令如下所示。

```
docker run -d -p 58080:8080 --name javaweb java/tomcat /root/run.sh
```

效果如图 6-15 所示。

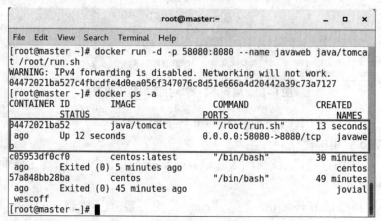

图 6-15　创建容器并运行 "run.sh" 脚本文件

这样 Tomcat 服务就启动成功了，打开浏览器输入 "IP 地址 +: 58080 端口"即可出现 Tomcat 官网界面，如图 6-16 所示。

图 6-16　Tomcat 官网界面

Java Web 应用构建完成后，可以将编写的 Java Web 项目生成的 war 包放到启动容器的 Tomcat 的"webapp"文件夹中，然后重启 Tomcat 即可实现项目的发布。

扫描下方的二维码可了解更多有关持续集成的定义。

技能点三　搭建 WordPress

WordPress 是由马特·查尔斯·穆伦维格和迈克开发的一个项目，发布于 2003 年 5 月 27 日，并于 2009 年 10 月宣布开放源码，成为免费的开源项目。WordPress 最初只是一个基于 PHP 和 MySQL（用于存储数据）的博客系统，允许用户搭建动态网站和博客网站。随着时间的推移，WordPress 已经发展成为完整的内容管理系统，很多非博客网站也用 WordPress 搭建，并且通过成千上万的插件、小部件以及主题进行了改进。WordPress 的架构图如图 6-17 所示。

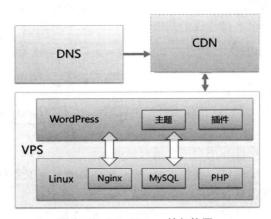

图 6-17　WordPress 的架构图

WordPress 的官方网址是 https://wordpress.org/，可以从 WordPress 的官网上下载 WordPress 官方发布版。要安装 WordPress，需要有一台满足最低要求的主机。另外，WordPress 是可定制的，用户可以定制 WordPress 来满足任何事情的需求，WordPress 官方还通过 https://zh-cn.wordpress.com/ 网站提供免费的博客服务，可以让用户轻松地使用基于 WordPress 的博客服务，但是与自行下载、安装 WordPress 架设的博客相比，免费服务多了一些限制，少了一些弹性。

目前，使用 WordPress 平台的发行商约占全球网站的 10%，WordPress 官方网站的每月独立访问用户数达到 3 亿。从 3.0 版本开始，WordPress 内置了多用户博客的功能，通过简单的设置就可以开设一个支持多域名的博客平台。

WordPress 不仅是世界上应用最广泛的博客系统，而且拥有世界上最强大的插件和模板。当前 WordPress 插件数据库中有超过 18 000 个插件，包括 SEO、控件等。用户可以根据 WordPress 核心程序提供的规则开发模板和插件。这些插件几乎囊括了在互联网上可以实现的功能，可以快速地把博客变成 cms、forums、门户等各种类型的站点。WordPress Theme 风格模板应用广泛、类型多样、品质优良，只需要把不同的模板文件放到空间的 Theme 目录下就可以自由地在后台变换，使用方便，而且不管安装的是什么样的语言包，都可以自由地使用这些风格，只需要把插件文件上传到 FTP 的 plugin 目录下，就可以直接在后台进行管理,功能强大的插件甚至在后台有一个自己的管理目录,就像程序自带的似的。

由于 WordPress 具有强大的扩展性,很多网站都开始使用 WordPress 作为内容管理系统来架设商业网站。WordPress 提供的功能如下。

- 发布、分类、归档、收藏文章,统计阅读次数。
- 文章、评论、分类等多种形式的 RSS 聚合。
- 添加、归类链接。
- 管理评论,过滤垃圾信息。
- 直接编辑、修改多样式的 CSS 和 PHP 程序。
- 在博客系统外方便地添加所需的页面。
- 通过对各种参数进行设置,使博客更具个性。
- 在某些插件的支持下实现静态 HTML 页面(如 WP-SUPER-CACHE)的生成。
- 通过选择不同的主题,方便地改变页面的显示效果。
- 通过添加插件提供多种特殊的功能。
- Trackback 和 Pingback。
- 针对其他博客软件、平台的导入功能。
- 会员注册、登录,后台管理。

WordPress 除了具有上面的功能,还有如下优势。

- 是一个开源平台,并免费提供。
- CSS 文件可根据设计和用户需要进行修改。
- 有许多插件和免费提供的模板,用户可以根据需要自定义各种插件。
- 媒体文件可以很容易且迅速地下载/上传。
- 提供了多种搜索引擎优化(SEO)工具,使得 SEO 简单。
- 允许将所有内容翻译成用户选择的语言。
- 允许用户对网站如管理员、作者、编辑和撰稿人创建不同的角色。
- 允许导入发布形式的数据,如自定义文件、评论、帖子和标签等。

尽管 WordPress 有诸多功能和优势,但其并不是完美无缺的,它也有如下缺点。

- WordPress 源码系统的初始内容基本只是一个框架,需要自己搭建。
- 插件虽多,但是不能安装太多插件,否则会降低网站的速度和用户体验。
- PHP 知识是必需的,特别在修改或改变 WordPress 网站时。
- WordPress 的版本更新会导致数据丢失,因此网站需要备份副本。
- 修改和格式化图形、图像和表格比较困难。
- 服务器空间的选择自由度较小。

2. WordPress 安装

通过上面的学习,已经对 WordPress 有了一定的了解,下面就可以安装并使用 WordPress 了。由于 WordPress 在使用上的一些限制,安装 WordPress 前需要进行 Apache Web 服务器、MariaDB 数据库、PHP 的安装及配置,步骤如下。

第一步,安装 Apache Web 服务器。

如果想使用 WordPress 实现一些功能,需要先启动 WordPress,但 WordPress 中没有提供启动操作,因此需要安装并配置一个 Apache Web 服务器用于启动 WordPress。安装

Apache Web 服务器的命令如下所示。

```
yum install -y httpd
```

效果如图 6-18 所示。

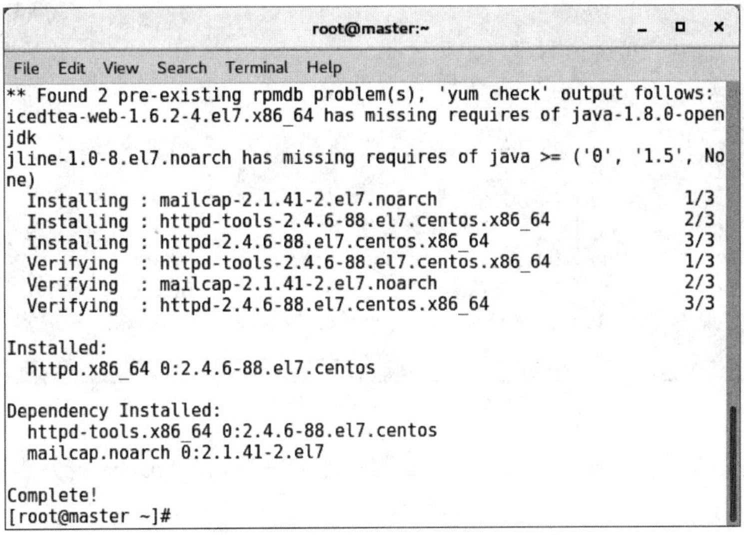

图 6-18　安装 Apache Web 服务器

Apache Web 服务器安装完成后，要使用这个服务器，还需要手动启动服务器，命令如下所示。

```
systemctl start httpd
```

效果如图 6-19 所示。

图 6-19　启动服务器

执行启动命令，如果没有报错则说明启动成功，可以在浏览器中打开测试网页进入 Apache Web 默认网页，效果如图 6-20 所示。

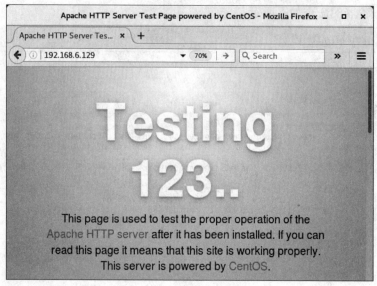

图 6-20　Apache Web 默认网页

为了避免每次开机都重新启动 Apache 服务器的麻烦,将 Apache 服务器设置为开机启动,命令如下所示。

```
systemctl enable httpd
```

第二步,安装 MariaDB 数据库。

由于 WordPress 中不存在任何数据存储工具,而项目中的各种数据还需要被存储,因此需要在使用 WordPress 前安装一个 MariaDB 数据库,命令如下所示。

```
yum install mariadb-server mariadb
```

效果如图 6-21 所示。

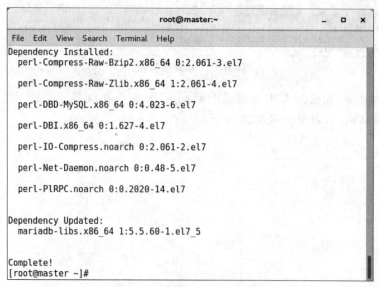

图 6-21　安装 MariaDB 数据库

MariaDB 数据库安装完成后在默认情况下处于关闭状态,因此在使用前需要启动数据库,命令如下所示。

```
systemctl start mariadb
```

效果如图 6-22 所示。

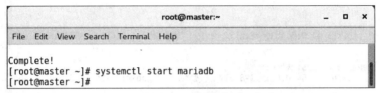

图 6-22 启动数据库

数据库启动后,还需要安装一个数据库脚本,进行数据库的相关设置,命令如下所示。

```
mysql_secure_installation
```

效果如图 6-23 所示。

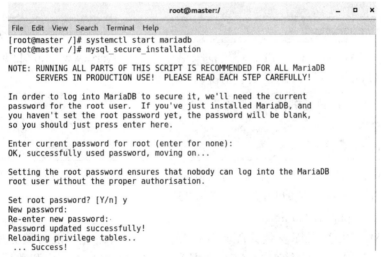

图 6-23 安装数据库脚本

设置完成后,为了方便,同样将 MariaDB 数据库设置为开机启动,命令如下所示。

```
systemctl enable mariadb
```

第三步,安装 PHP 和 MySQL。

WordPress 是基于 PHP 开发的,因此使用 WordPress 还需要 PHP 环境的支持,安装 PHP 和 MySQL 数据库的命令如下所示。

```
yum install -y php php-mysql
```

效果如图 6-24 所示。

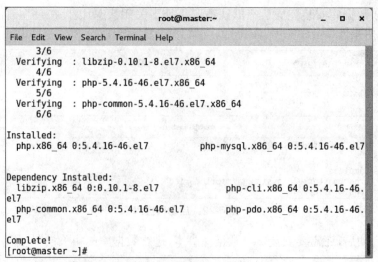

图 6-24 安装 PHP 和 MySQL

安装完 PHP 和 MySQL 数据库后,需要重启 Apache Web 服务器,以保证安装的环境生效,命令如下所示。

> systemctl restart httpd

服务器重启后,为了验证 PHP 环境的安装情况,在"/var/www/html"目录下新建一个"info.php"文件,用来查看 PHP 的安装情况。

> vim /var/www/html/info.php
> // 文件内容如下
> <?php phpinfo(); ?>

修改完成后保存并退出文件,在浏览器中输入"IP 地址 + 端口号 + 文件全称"出现 PHP 官网,则说明 PHP 安装成功,效果如图 6-25 所示。

第四步,安装 phpMyAdmin。

PHP 和 MySQL 数据库安装并配置完成后,显示的页面并不能与数据库关联。phpMyAdmin 可以让 Web 接口管理 MySQL 数据库的功能,如果想将页面和数据库联系起来,需要进行 phpMyAdmin 的安装,命令如下所示。

> yum install -y phpmyadmin

效果如图 6-26 所示。

安装成功后还需要进行 phpMyAdmin 的配置,修改 phpMyAdmin 的配置文件,命令如下所示。

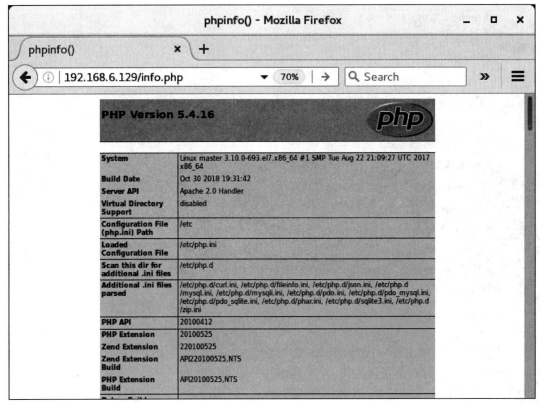

图 6-25　PHP 官网

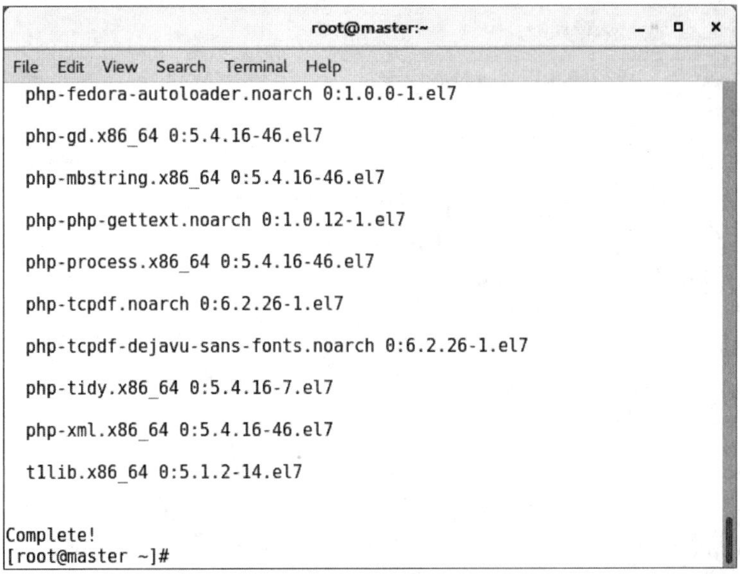

图 6-26　安装 phpMyAdmin

vi /etc/httpd/conf.d/phpMyAdmin.conf
// 文件内容改为

```
<Directory /usr/share/phpMyAdmin/>
   AddDefaultCharset UTF-8
   <IfModule mod_authz_core.c>
    # Apache 2.4
    <RequireAny>
     Require all granted
    </RequireAny>
   </IfModule>
   <IfModule !mod_authz_core.c>
    # Apache 2.2
    Order Deny,Allow
    Allow from All
   </IfModule>
</Directory>
```

将配置文件修改完后,再次重启 Apache Web 服务器,命令如下所示。

```
systemctl restart httpd
```

服务器重启后,在浏览器内输入"IP 地址 + /phpMyAdmin/"可以看到 PHP 的登录界面,说明 phpMyAdmin 安装成功,效果如图 6-27 所示。

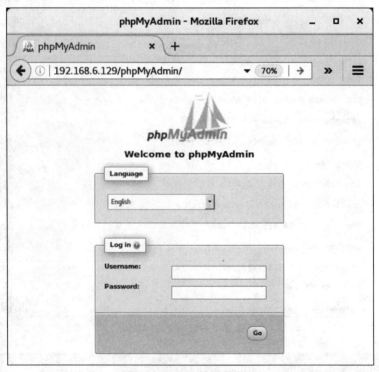

图 6-27　PHP 的登录界面

第五步,安装 WordPress。

Apache Web 服务器、MariaDB 数据库、PHP 等安装并配置完成后,就可以进行 WordPress 的安装和配置了。在安装 WordPress 前,根据项目的需要,可以事先进行数据库的创建及设置,命令如下所示。

```
// 登录数据库
mysql -u root -p
// 创建数据库
CREATE DATABASE wordpress;
// 创建用户和密码
CREATE USER wordpressuser@localhost IDENTIFIED BY 'wordpress_password';
// 设置 WordPress 访问 WordPress 数据库的权限
GRANT ALL PRIVILEGES ON wordpress.* TO wordpressuser@localhost IDENTIFIED BY 'wordress_password';
// 刷新数据库的设置
FLUSH PRIVILEGES;
// 退出数据库
exit
```

效果如图 6-28 所示。

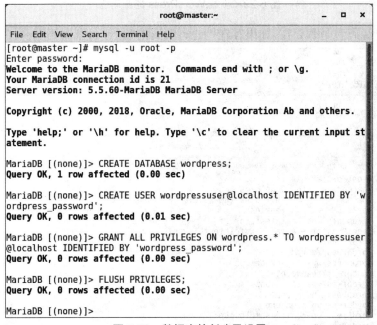

图 6-28　数据库的创建及设置

数据库创建并设置完成后,就可以下载、安装 WordPress 了。这里采用源码包的方式安装,WordPress 源码包的下载命令如下所示。

> wget href="http://wordpress.org/latest.tar.gz" http://wordpress.org/latest.tar.gz /a

效果如图 6-29 所示。

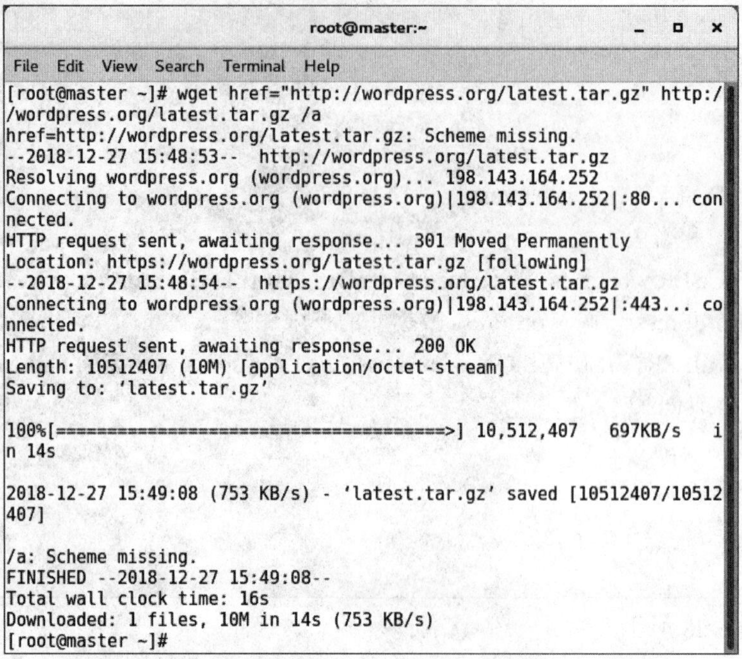

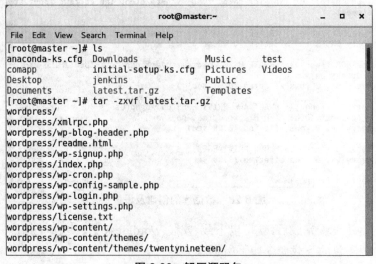

图 6-29 下载 WordPress 的源码包

然后查看源码包是否存在，如果存在则进行源码的解压，命令如下所示。

> ls
> tar -zxvf latest.tar.gz

效果如图 6-30 所示。

图 6-30 解压源码包

WordPress 安装完成后，就可以进行相关配置了。WordPress 安装完成后会在当前目录下生成一个"wordpress"文件夹，将该文件夹中的内容复制到"/var/www/html/wordpress"目录下，命令如下所示。

```
rsync -avP ~/wordpress/ /var/www/html/wordpress/
```

效果如图 6-31 所示。

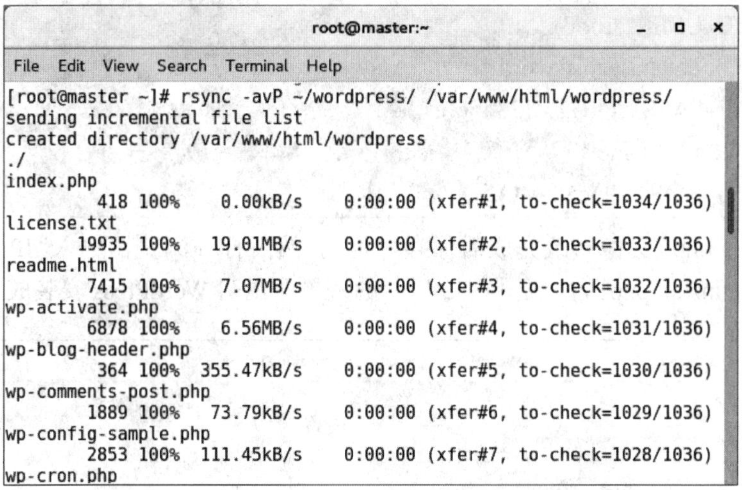

图 6-31 复制内容

然后进入"/var/www/html/wordpress"，查看其中是否存在刚才复制过去的文件夹，命令如下所示。

```
cd /var/www/html/wordpress
ls
```

效果如图 6-32 所示。

图 6-32 查看复制结果

最后在"/var/www/html/wordpress"下新建一个"wp-config.php"文件，并将"wp-config-sample.php"文件的内容复制到"wp-config.php"文件中，然后修改"wp-config.php"文件，命令如下所示。

```
// 创建"wp-config.php"文件并将"wp-config-sample.php"文件的内容复制到其中
cp wp-config-sample.php wp-config.php
vim wp-config.php
// 将文件的对应内容修改如下
define('DB_NAME', 'wordpress');
/** MySQL database username */
define('DB_USER', 'root');
/** MySQL database password */
define('DB_PASSWORD', '123456');
/** MySQL hostname */
define('DB_HOST', 'localhost');
```

"wp-config.php"文件修改完成后保存并退出,然后打开浏览器输入"IP 地址 + /wordpress/wp-admin/install.php",出现图 6-33 所示的效果即说明 WordPress 安装成功。

图 6-33　WordPress 项目首页

通过以上的学习，可以使用 Docker 实现 Java Web、WordPress 等项目开发环境的搭建。下面使用 Docker 搭建 Nginx 环境，实现负载均衡功能，步骤如下所示。

第一步，安装 Nginx。

安装 Nginx 之前，需要查看 yum 源中是否存在 Nginx，如果存在则直接使用 yum 进行安装，如果没有就需要进行配置，配置完成后再进行安装，查看 Nginx 是否存在的命令如下所示。

yum serarch nginx

效果如图 6-34 所示。

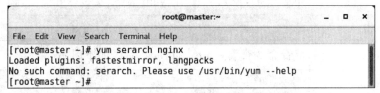

图 6-34 查看 yum 源中是否存在 Nginx

由图 6-34 可知，当前的 yum 源中不存在 Nginx，这时就需要将 Nginx 添加到 yum 源中，修改"/etc/yum.repos.d/nginx.repo"文件并添加如下内容，然后保存即可，命令如下所示。

vi /etc/yum.repos.d/nginx.repo // 添加内容 [nginx] name=nginx repo baseurl=http://nginx.org/packages/centos/$releasever/$basearch/ gpgcheck=0 enabled=1

将 Nginx 添加到 yum 源中后，再次执行"yum serarch nginx"命令查看 Nginx 是否存在，效果如图 6-35 所示。

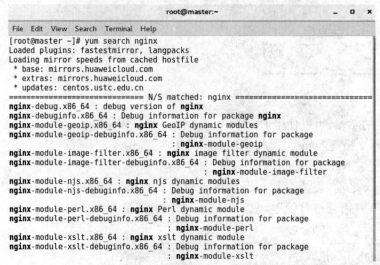

图 6-35　再次查看 Nginx 是否存在

查看到 yum 源中存在 Nginx 后，就可以使用"yum"命令安装 Nginx 了，命令如下所示。

```
yum install nginx
```

安装后可以使用版本查看命令查看 Nginx 的版本，命令如下所示。

```
rpm -q nginx
```

效果如图 6-36 所示。

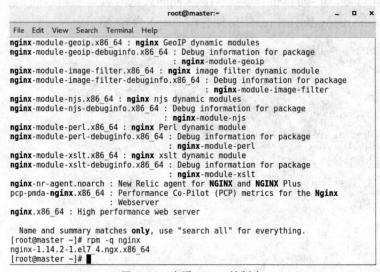

图 6-36　查看 Nginx 的版本

若返回版本号，则说明 Nginx 安装成功。

第二步，Nginx 启动配置。

Nginx 安装成功后就可以进行 Nginx 启动配置了，主要是将 Nginx 设置成开机启动，命令如下所示。

```
systemctl enable nginx
```

效果如图 6-37 所示。

```
nginx-module-image-filter-debuginfo.x86_64 : Debug information for package
                                           : nginx-module-image-filter
nginx-module-njs.x86_64 : nginx njs dynamic modules
nginx-module-njs-debuginfo.x86_64 : Debug information for package
                                  : nginx-module-njs
nginx-module-perl.x86_64 : nginx Perl dynamic module
nginx-module-perl-debuginfo.x86_64 : Debug information for package
                                   : nginx-module-perl
nginx-module-xslt.x86_64 : nginx xslt dynamic module
nginx-module-xslt-debuginfo.x86_64 : Debug information for package
                                   : nginx-module-xslt
nginx-nr-agent.noarch : New Relic agent for NGINX and NGINX Plus
pcp-pmda-nginx.x86_64 : Performance Co-Pilot (PCP) metrics for the Nginx
                      : Webserver
nginx.x86_64 : High performance web server

  Name and summary matches only, use "search all" for everything.
[root@master ~]# rpm -q nginx
nginx-1.14.2-1.el7_4.ngx.x86_64
[root@master ~]# systemctl enable nginx
[root@master ~]# systemctl enable nginx
Created symlink from /etc/systemd/system/multi-user.target.wants/nginx.service t
o /usr/lib/systemd/system/nginx.service.
```

图 6-37 设置 Nginx 开机启动

开机启动设置成功后，会显示一串路径。

第三步，启动 Nginx 服务。

尽管设置了开机启动，但主机并没有重新启动，Nginx 服务还处于关闭状态，因此需要手动启动 Nginx 服务，命令如下所示。

```
systemctl start nginx
```

启动后在浏览器中访问本机的 IP 地址，在窗口中看到 Nginx 默认界面则说明 Nginx 安装成功，效果如图 6-38 所示。

图 6-38 Nginx 默认界面

第四步：创建负载均衡容器。

在创建容器之前需要获取 Nginx 镜像，命令如下所示。

```
docker pull nginx
```

然后在本地创建两个文件夹，这里创建的是"/mydata/test1""/mydata/test2"，如图 6-39 所示。

图 6-39　创建文件夹

文件夹创建成功后，在其中创建"index.html"文件，用来定义负载均衡时显示的两个不同界面，效果如图 6-40 所示。

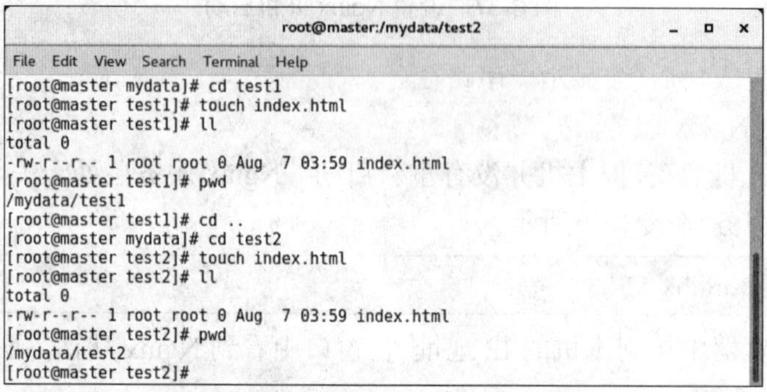

图 6-40　创建"index.html"文件

然后打开这两个文件，分别输入"this is nginx1"和"this is nginx2"的内容，效果如图 6-41 所示。

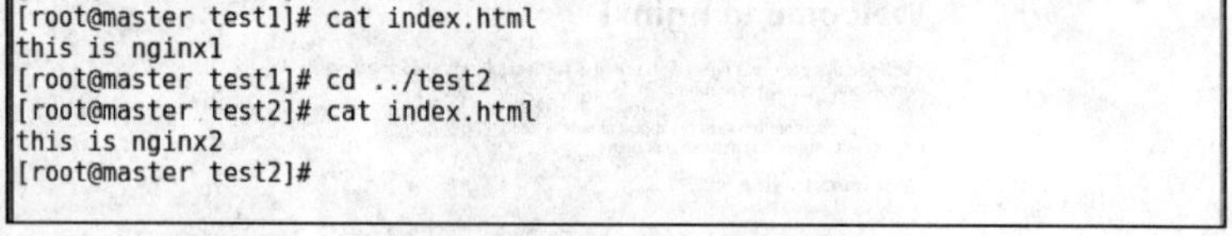

图 6-41　打开文件并输入内容

最后使用 Nginx 镜像分别启动两个容器，其中一个容器将 58080 端口映射到容器的 80 端口，并将"test1"文件的本地目录挂载到容器目录中，命令如下所示。

```
docker run --name nginx-test --privilege=true -d -p 58080:80 -v /mydata/test1:/usr/share/nginx/html nginx
```

另一个容器将 58081 端口映射到容器的 80 端口，并将"test2"文件的本地目录挂载到容器目录中，命令如下所示。

```
docker run --name nginx-test1 --privilege=true -d -p 58081:80 -v /mydata/test2:/usr/share/nginx/html nginx
```

效果如图 6-42 所示。

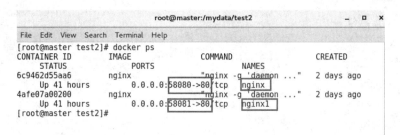

图 6-42　创建容器

第五步：负载均衡配置。

负载均衡容器创建成功后，如果想真正实现负载均衡效果，还需要进行一些配置，首先需要修改本地的 Nginx 配置文件，进入配置文件目录修改"nginx.config"文件，命令如下所示。

```
cd /etc/nginx/
vim nginx.config
// 在 Http{} 中添加如下内容
upstream app1 {
server 192.168.6.129:58080 weight=1;
server 192.168.6.129:58081 weight=1;
}
```

"nginx.config"文件修改完成后，整体内容如下所示。

```
user  nginx;
worker_processes  1;

error_log  /var/log/nginx/error.log warn;
pid        /var/run/nginx.pid;

events {
    worker_connections  1024;
}

http {
    include       /etc/nginx/mime.types;
    default_type  application/octet-stream;
```

```
        log_format  main  '$remote_addr - $remote_user [$time_local] "$request" '
                          '$status $body_bytes_sent "$http_referer" '
                          '"$http_user_agent" "$http_x_forwarded_for"';

    access_log  /var/log/nginx/access.log  main;

    sendfile        on;
    #tcp_nopush     on;

    keepalive_timeout  65;

    #gzip  on;

    include /etc/nginx/conf.d/*.conf;
    upstream app1 {
    server 192.168.6.129:58080 weight=1;
    server 192.168.6.129:58081 weight=1;
    }
}
```

然后进入"/etc/nginx/conf.d"文件夹，修改"default.conf"文件，命令如下所示。

```
cd /etc/nginx/conf.d
vim default.conf
// 内容如下
proxy_pass http://app1;
```

"default.conf"文件修改完成后，整体内容如下所示。

```
server {
    listen       80;
    server_name  localhost;

    #charset koi8-r;
    #access_log  /var/log/nginx/host.access.log  main;

    location / {
        root   /usr/share/nginx/html;
        index  index.html index.htm;
        proxy_pass http://app1;
    }
```

```
        #error_page  404              /404.html;

        # redirect server error pages to the static page /50x.html
        #
        error_page   500 502 503 504  /50x.html;
        location = /50x.html {
            root   /usr/share/nginx/html;
        }

        # proxy the PHP scripts to Apache listening on 127.0.0.1:80
        #
        #location ~ \.php$ {
        #    proxy_pass   http://127.0.0.1;
        #}

        # pass the PHP scripts to FastCGI server listening on 127.0.0.1:9000
        #
        #location ~ \.php$ {
        #    root           html;
        #    fastcgi_pass   127.0.0.1:9000;
        #    fastcgi_index  index.php;
        #    fastcgi_param  SCRIPT_FILENAME  /scripts$fastcgi_script_name;

        #    include        fastcgi_params;
        #}

        # deny access to .htaccess files, if Apache's document root
        # concurs with nginx's one
        #
        #location ~ /\.ht {
        #    deny  all;
        #}
    }
```

访问本地IP 192.168.6.129时,默认端口为80端口,将服务请求按权重分配给192.168.6.129:58080 和 192.168.6.129:58081(这里写的是本人的IP地址,如果需要更改IP地址,端口要和容器启动时映射的端口一致)。

最后将以上更改的内容保存，重启服务器，命令如下所示。

```
systemctl restart nginx
```

第六步，查看负载均衡效果。

在浏览器中输入本地 IP 地址后刷新界面，有时输出"this is nginx1"，有时输出"this is nginx2"，效果分别如图 6-1 和图 6-2 所示，表示负载均衡配置成功。

至此，Nginx 负载均衡配置完毕。

通过 Nginx 负载均衡功能的实现，对 Java Web 的相关知识有了初步的了解，对 Word-Press 环境的搭建有所了解并掌握，并能够应用所学的 Docker 高级应用程序构建的相关知识实现 Nginx 负载均衡效果。

image	图片	develop	发展
install	安装	server	程序
application	应用	database	数据库
secure	安全	load	负载
binary	二进制	enable	启用

1. 选择题

（1）启动容器时添加命令可以增加容器特权的关键字是（　　）。

A.root　　　　　　B.privileged　　　　　　C.permission　　　　　　D.user

（2）后缀为（　　）可以直接安装 JDK 环境。

A.rpm　　　　　　B.gz　　　　　　C.csv　　　　　　D.tar

（3）Docker 挂载目录的方式是（　　）。

A./mydata/test1:/usr/share　　　　　　B./mydata/test1"/usr/share

C./mydata/test1*/usr/share   D./mydata/test1-/usr/share

（4）用来查看 PHP 的安装情况的文本内容是（　）。

A.<!php phpinfo();！>   B.<*php phpinfo();*>

C.<?php phpinfo(); ?>   D.</php phpinfo();/>

（5）安装后可以通过命令 rpm（　）nginx 查看 Nginx 的版本。

A.-f   B.-r   C.-q   D.-d

2. 简答题

（1）简述什么是 Java Web。

（2）简述负载均衡的意义。

项目七 Docker 强化之集群搭建

通过实现 Spark 集群的搭建，了解 Docker Compose 和 Swarm 的相关知识，熟悉 Docker Compose 安装和使用，掌握 Docker Swarm 集群的构建，具有使用 Docker Compose 搭建集群的能力，在任务实现过程中：

➢ 了解 Docker Compose 和 Swarm 的基本概念；
➢ 熟悉 Docker Compose 的安装和相关操作；
➢ 掌握 Docker Swarm 集群的构建；
➢ 具有搭建集群的能力。

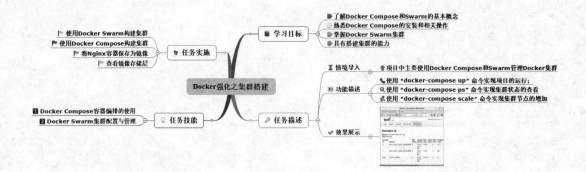

【情境导入】

随着 Docker 使用得越来越多,应用服务与容器之间的问题与麻烦也接踵而至,运维人员为了应对应用服务与容器之间的复杂关系花费了大量的时间和精力,而随着应用服务和容器的持续增多,情况会更严峻,而集群的出现很好地解决了这一问题。通过使用集群可以实现对应用服务和容器的统一管理,从而节省大量处理复杂关系的时间。本项目通过对构建集群及 Swarm 集群中服务相关知识的讲解,最终完成 Spark 集群的构建。

【功能描述】

- ➢ 使用"docker-compose up"命令实现项目的运行;
- ➢ 使用"docker-compose ps"命令查看集群状态;
- ➢ 使用"docker-compose scale"命令增加集群节点。

【效果展示】

通过对本任务的学习,使用 Docker Compose 工具的相关知识完成 Spark 集群服务的搭建。效果如图 7-1 所示。

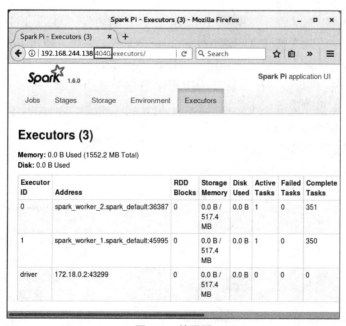

图 7-1　效果图

技能点一　Docker Compose 容器编排的使用

随着容器使用得越来越频繁,应用服务和容器间的关系变得越来越复杂,以至于越来越难以管理,面对这种情况,可以通过使用 Docker Compose 更好地管理这些服务和对应的容器。

1. Docker Compose 简介

在创建 Docker 镜像之后,需要手动地使用"pull"命令来获取镜像,再执行"run"命令来运行。当服务需要用到多个容器,而容器之间又产生了各种依赖和连接关系的时候,部署一个个服务的手动操作是十分麻烦的,而 Docker Compose 技术能够通过对".yml"文件的配置,将所有容器的部署方法、文件映射、容器连接等一系列的配置写在里面,最后只需要执行 Docker Compose 带有的"docker-compose up"命令就可以像执行脚本一样去一个个安装容器并自动部署它们,给复杂的服务部署带来了极大的便利。Docker Compose 网站是"https://docs.docker.com/compose/"。

Docker Compose 项目是 Docker 的官方开源项目,是一个用于定义和运行多容器 Docker 应用程序的工具,主要用于构建基于 Docker 的复杂应用程序。Compose 通过配置文件管理多个 Docker 容器,非常适合使用多个容器进行开发的场景。 Docker Compose 的前身是 Fig,Fig 被 Docker 收购之后正式更名为 Compose,Compose 向下兼容 Fig,只需使用 Compose 配置文件和简单命令即可创建和运行应用程序所需的所有容器。它是开发、测试和升级环境的利器,并提供很多命令来管理应用程序的整个生命周期——启动、停止和重建服务。利用 Compose 可以完成以下工作:

➢ 查看运行服务的状态;
➢ 输出流式运行服务的日志;
➢ 在服务上运行一次性命令。

Docker Compose 属于一个"应用层"的服务,用户可以定义哪个容器组运行哪个应用;它支持动态改变应用,并在需要时扩展。Docker Compose 的结构如图 7-2 所示。

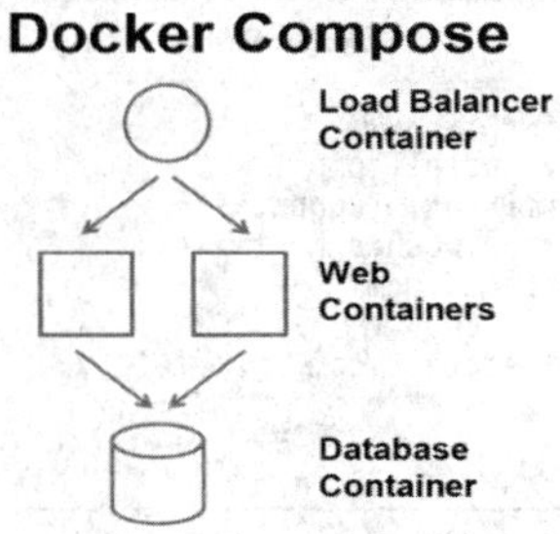

Docker Compose 的结构

图 7-2 Docker Compose 的结构

如果想要使用 Docker Compose，需要以下步骤：
- 将程序变量都保存在 Docker 文件中以便公开访问；
- 在"docker-compose.yml"文件中提供和配置服务名称，使容器能够在隔离的环境中运行；
- 使用"docker-compose"命令启动并运行应用程序。

此外，Docker Compose 中还有两个重要的概念。
- 服务（Service）：应用程序容器实际上可以包含运行相同镜像的多个容器实例。
- 项目（Project）：由一组具有关联关系的应用容器组成的完整业务单元，在"docker-compose.yml"文件中定义。

2. Docker Compose 的安装和卸载

目前，Docker Compose 的安装有很多种方式供大家选择：第一种是通过 Python 的包管理工具 pip 进行安装，第二种是直接下载已编译的二进制文件以供使用，第三种是直接在 Docker 容器中运行。前两种方法是传统方法，在 Docker Compose 安装后才可以使用，适合在本地环境中安装和使用；最后一种方法不会破坏系统环境，更适合云计算场景，如 Docker for Mac、Docker for Windows 自带了 Docker Compose 的二进制文件，只需安装 Docker 后就可以直接使用。下面分别讲解以不同方式安装 Docker Compose 的方法和过程。

① 通过 Python 的 pip 包管理工具进行安装。在安装 Docker Compose 之前，需要先确定本地是否已经安装了 pip，如果没有则需要先安装 pip，再通过 pip 进行安装。步骤如下。

第一步，检查是否安装 pip，需要使用查看 pip 版本号的命令。如果已经安装了 pip 则返回版本号，否则返回没有找到 pip，效果如图 7-3 所示。

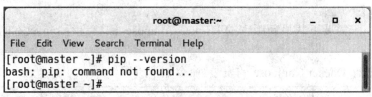

图 7-3 查看 pip 版本号

第二步，进行 pip 的安装，命令如下所示。

```
yum -y install pip
```

运行安装命令后，会发现安装不成功，效果如图 7-4 所示。

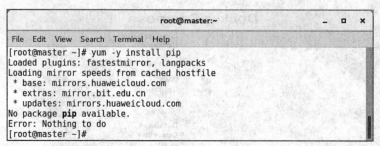

图 7-4 pip 安装

第三步,当安装不成功时,需要先进行 epel 扩展源的安装,命令如下所示。

yum -y install epel-release

效果如图 7-5 所示。

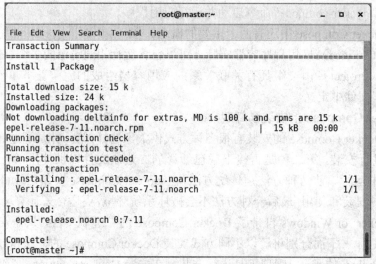

图 7-5 epel 扩展源安装

第四步,再次进行 pip 的安装,命令如下所示。

sudo yum -y install python-pip

效果如图 7-6 所示。

第五步,由于需要下载最新版本的 Docker Compose,需要进行 pip 版本的更新,效果如图 7-7 所示。

第六步,进行 Docker Compose 的安装,命令如下所示。

sudo pip install docker-compose

效果如图 7-8 所示。

```
python2-pip-8.1.2-6.el7.noarch.rpm                         | 1.7 MB   00:01
Retrieving key from file:///etc/pki/rpm-gpg/RPM-GPG-KEY-EPEL-7
Importing GPG key 0x352C64E5:
 Userid     : "Fedora EPEL (7) <epel@fedoraproject.org>"
 Fingerprint: 91e9 7d7c 4a5e 96f1 7f3e 888f 6a2f aea2 352c 64e5
 Package    : epel-release-7-11.noarch (@extras)
 From       : /etc/pki/rpm-gpg/RPM-GPG-KEY-EPEL-7
Running transaction check
Running transaction test
Transaction test succeeded
Running transaction
  Installing : python2-pip-8.1.2-6.el7.noarch                              1/1
  Verifying  : python2-pip-8.1.2-6.el7.noarch                              1/1

Installed:
  python2-pip.noarch 0:8.1.2-6.el7

Complete!
[root@master ~]# pip --version
pip 8.1.2 from /usr/lib/python2.7/site-packages (python 2.7)
[root@master ~]#
```

图 7-6 pip 安装成功效果

```
[root@master ~]# pip install --upgrade pip
Collecting pip
  Downloading https://files.pythonhosted.org/packages/c2/d7/90f34cb0d83a
6c5631cf71dfe64cc1054598c843a92b400e55675cc2ac37/pip-18.1-py2.py3-none-a
ny.whl (1.3MB)
    100% |████████████████████████████████| 1.3MB 460kB/s
Installing collected packages: pip
  Found existing installation: pip 8.1.2
    Uninstalling pip-8.1.2:
      Successfully uninstalled pip-8.1.2
Successfully installed pip-18.1
[root@master ~]# pip --version
pip 18.1 from /usr/lib/python2.7/site-packages/pip (python 2.7)
[root@master ~]#
```

图 7-7 pip 版本更新

```
[root@master ~]# sudo pip install docker-compose
Requirement already satisfied: docker-compose in /usr/lib/python2.7/site
-packages (1.23.2)
Requirement already satisfied: websocket-client<1.0,>=0.32.0 in /usr/lib
/python2.7/site-packages (from docker-compose) (0.54.0)
Requirement already satisfied: docker<4.0,>=3.6.0 in /usr/lib/python2.7/
site-packages (from docker-compose) (3.6.0)
Requirement already satisfied: PyYAML<4,>=3.10 in /usr/lib64/python2.7/s
ite-packages (from docker-compose) (3.13)
Requirement already satisfied: dockerpty<0.5,>=0.4.1 in /usr/lib/python2
.7/site-packages (from docker-compose) (0.4.1)
Requirement already satisfied: ipaddress>=1.0.16; python_version < "3.3"
 in /usr/lib/python2.7/site-packages (from docker-compose) (1.0.22)
Requirement already satisfied: docopt<0.7,>=0.6.1 in /usr/lib/python2.7/
site-packages (from docker-compose) (0.6.2)
Requirement already satisfied: backports.ssl-match-hostname>=3.5; python
_version < "3.5" in /usr/lib/python2.7/site-packages (from docker-compos
```

图 7-8 Docker Compose 安装成功

第七步，通过查看 Docker Compose 版本号的命令判断安装是否成功，命令如下所示。

```
sudo docker-compose --version
```

效果如图 7-9 所示。

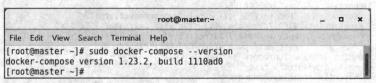

图 7-9　查看 Docker Compose 版本号

至此，Docker Compose 安装成功。如果想要删除 pip 安装的 Docker Compose，只需使用"sudo pip uninstall docker-compose"命令即可，效果如图 7-10 所示。

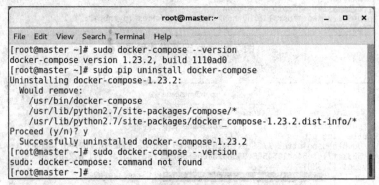

图 7-10　删除 Docker Compose

②通过二进制文件进行安装是比较简单的，只需从官方的 GitHub Release 处直接下载编译好的二进制文件即可。安装命令如下所示。

```
 sudo curl -L https://github.com/docker/compose/releases/download/1.17.1/docker-compose-'uname -s'-'uname -m' > /usr/local/bin/docker-compose
```

效果如图 7-11 所示。

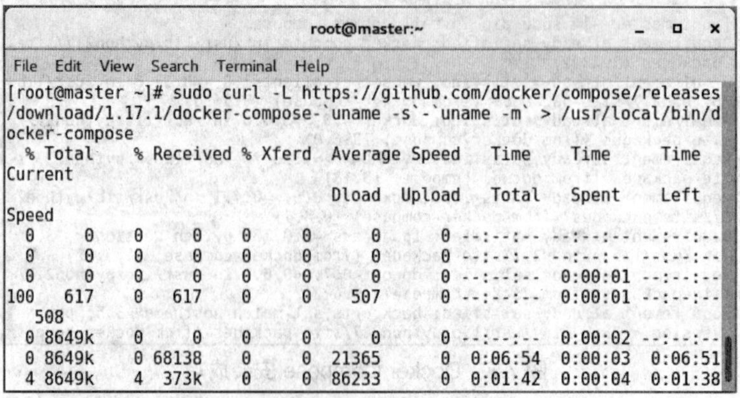

图 7-11　通过二进制文件安装 Docker Compose

之后还需要添加执行权限，并判断是否安装成功，命令如下所示。

```
// 添加执行权限
chmod +x /usr/local/bin/docker-compose
// 查看版本号
docker-compose --version
```

效果如图 7-12 所示。

图 7-12　添加文件执行权限

如果想要卸载以二进制包方式安装的 Docker Compose，只需使用"sudo rm /usr/local/bin/docker-compose"命令删除二进制文件即可，效果如图 7-13 所示。

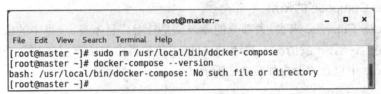

图 7-13　卸载以二进制包方式安装的 Docker Compose

③以容器方式进行安装与以下载源码包方式进行安装的命令基本上是相同的，只是安装过程不同。安装命令如下所示。

```
sudo curl -L https://github.com/docker/compose/releases/download/1.8.0/run.sh > /usr/local/bin/docker-compose
```

效果如图 7-14 所示。

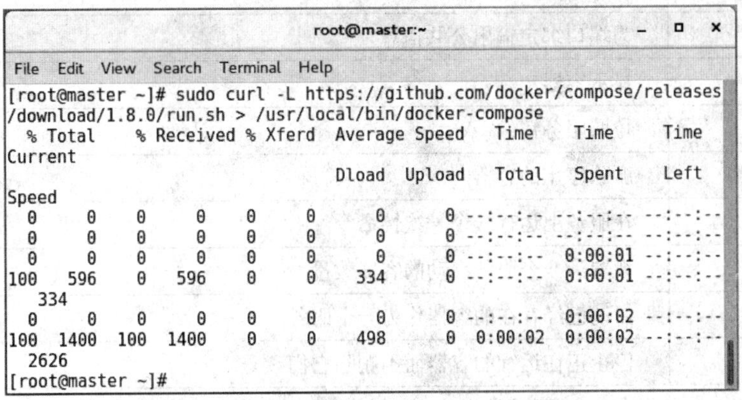

图 7-14　以容器方式安装 Docker Compose

之后同样使用添加执行权限命令进行执行权限的添加，并判断是否安装成功，但在进行判断时会进行镜像的加载，之后返回版本号，效果如图 7-15 所示。

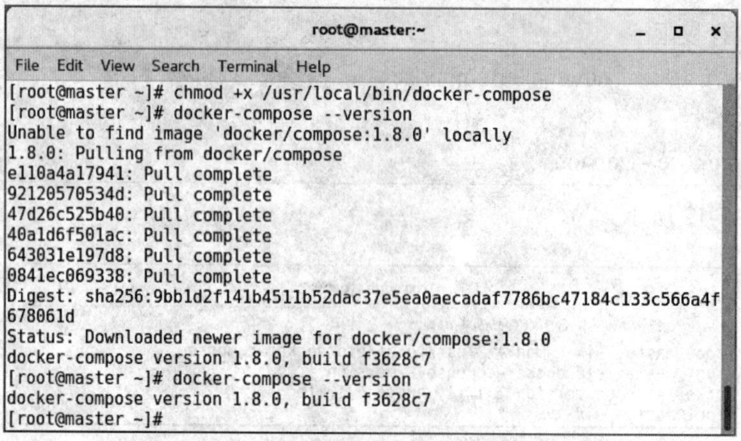
root@master:~
File Edit View Search Terminal Help
[root@master ~]# chmod +x /usr/local/bin/docker-compose
[root@master ~]# docker-compose --version
Unable to find image 'docker/compose:1.8.0' locally
1.8.0: Pulling from docker/compose
e110a4a17941: Pull complete
92120570534d: Pull complete
47d26c525b40: Pull complete
40a1d6f501ac: Pull complete
643031e197d8: Pull complete
0841ec069338: Pull complete
Digest: sha256:9bb1d2f141b4511b52dac37e5ea0aecadaf7786bc47184c133c566a4f678061d
Status: Downloaded newer image for docker/compose:1.8.0
docker-compose version 1.8.0, build f3628c7
[root@master ~]# docker-compose --version
docker-compose version 1.8.0, build f3628c7
[root@master ~]#

图 7-15 以容器方式安装 Docker Compose

要卸载以容器方式安装的 Docker Compose，只需使用“删除镜像”命令删除 Docker Compose 镜像即可。

3. Docker Compose 的使用

对于 Docker Compose 来说，大部分的命令都是针对项目本身、项目中的服务或者容器。如果没有特别的说明，一般情况下都针对项目，因此项目中的所有服务都会受命令的影响。Docker Compose 中包含的命令如表 7-1 所示。

表 7-1 Docker Compose 中包含的命令

命令	说明
build	创建或者再建服务
help	显示命令的帮助和使用信息
kill	通过发送 SIGKILL 信号强制停止正在运行的容器，这个信号可以选择性地通过
logs	显示服务的日志输出
port	为端口绑定输出公共信息
ps	显示容器
pull	拉取服务镜像
rm	删除停止的容器
run	在服务上运行一个一次性命令
scale	设置为一个服务启动的容器数量
start	启动已经存在的容器作为一个服务
stop	停止正在运行的容器而不删除它们
up	自动完成包括构建镜像、创建服务、启动服务并关联服务相关容器的一系列操作

由于 Docker Compose 中的命令都是用来操作项目的,因此先通过使用 Docker Compose 实现 Python Web 项目案例后再使用命令进行操作。步骤如下。

第一步,创建一个存放 Python Web 项目的文件夹并进入,命令如下所示。

```
mkdir comapp
cd comapp
```

效果如图 7-16 所示。

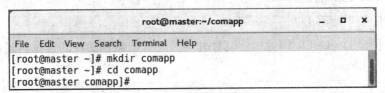

图 7-16　创建项目根目录

第二步,在文件夹中创建一个 Python 文件,之后进入该文件,编写一个通过"hello"接口输入"Hello Docker Compose"内容的 Python 程序,命令如下所示。

```
// 进入文件
vi app.py
// 文件内容如下:
import flask
from flask import make_response
server = flask.Flask(__name__)
server.config['JSON_AS_ASCII'] = False
@server.route('/hello',methods=['get','post'])
def Test():
    resu = "Hello Docker Compose"
    rst = make_response(resu)
    rst.headers['Access-Control-Allow-Origin'] = '*'
    return rst

if __name__ == '__main__':
    server.run(host='0.0.0.0')
```

第三步,由于在 Python 程序中引入了 flask 依赖包,因此创建依赖包文件,命令如下所示。

```
vi requirements.txt
// 依赖包名称
flask
```

第四步,创建 Dockerfile 镜像构建文件,并编写可运行依赖包文件的镜像构建命令,命令如下所示。

```
vi Dockerfile
// 内容如下所示：
FROM python:3.6
MAINTAINER j123 Turnbull<j123@example.com>
ENV REFRESHED_AT 2018-12-03
ADD . /comapp
WORKDIR /comapp
RUN pip install -r requirements.txt
```

第五步，创建 Dockerfile 镜像构建文件并编写运行依赖包文件的镜像构建命令，命令如下所示。

```
docker build -t pythonweb .
```

效果如图 7-17 所示。

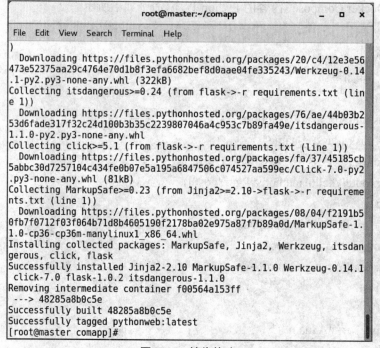

图 7-17 镜像构建

第六步，通过刚刚创建成功的镜像，创建并运行一个容器，命令如下所示。

```
docker run -d -p 5000:5000 --name pythonweb pythonweb:latest python app.py
```

效果如图 7-18 所示。

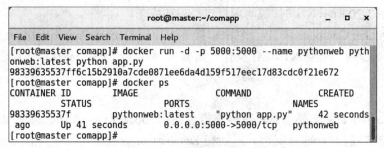

图 7-18　创建容器

第七步，使用 Docker Compose 工具时，需要配置"docker-compose.yml"文件，命令如下所示。

```
vi docker-compose.yml
// 文件内容
web:
 image: pythonweb
 command: python app.py
 ports:
  - "5000:5000"
```

通过上面几个步骤已经将运行环境搭建完成了。

第八步，使用 Docker Compose 提供的"docker-compose up"命令运行 Python Web 项目，效果如图 7-19 所示。

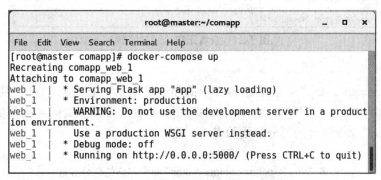

图 7-19　运行 Docker Compose 项目

运行完成后，打开浏览器并进行访问，效果如图 7-20 所示。

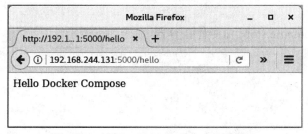

图 7-20　访问 Python 文件中定义的接口

当出现图 7-20 所示效果时，说明项目已经启动成功。

现在，Docker Compose 项目已经完成，接下来使用 Docker Compose 命令进行项目的操作。由于要保证项目的运行，因此在操作时需要重新打开一个命令窗口，之后进入到项目目录中。

（1）ps

在 Docker 中，如果想要查看所有容器需要使用"docker ps -a"命令，如果想要查看正在运行的容器需要使用"docker ps"命令，而在 Docker Compose 中，只有一个"docker-compose ps"命令可以进行容器的查看。"docker-compose ps"命令包含的部分参数如表 7-2 所示。

表 7-2 "docker-compose ps"命令包含的部分参数

参数	描述
-q	仅显示 ID

使用"docker-compose ps"命令查看容器，命令如下所示。

```
docker-compose ps
```

效果如图 7-21 所示。

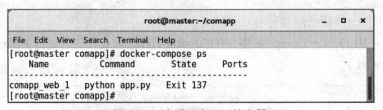

图 7-21 查看正在运行的容器

（2）stop

"docker-compose stop"命令在 Docker 中的作用是停止一个正在运行的容器，在 Docker Compose 中同样适用，不同的是，在 Docker Compose 中不需要添加任何容器信息。"docker-compose stop"命令包含的部分参数如表 7-3 所示。

表 7-3 "docker-compose stop"命令包含的部分参数

参数	描述
-q	以秒为单位指定关闭的超时时间（默认值：10）

使用"docker-compose stop"命令停止容器，命令如下所示。

```
docker-compose stop
```

效果如图 7-22 所示。

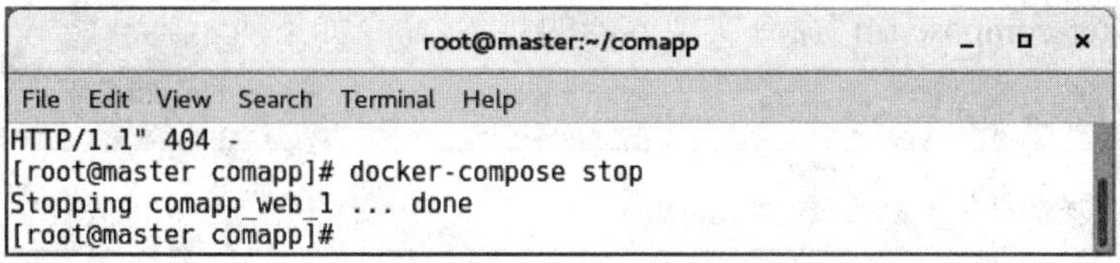

图 7-22　停止容器

之后打开正在运行项目的命令窗口会发现项目已经停止,效果如图 7-23 所示。

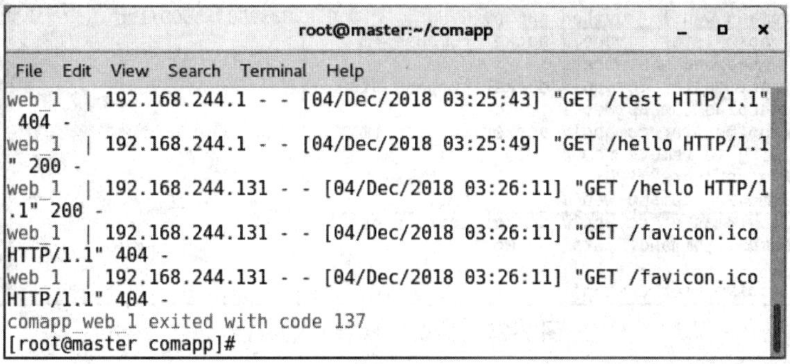

图 7-23　从主机查看项目运行情况

（3）start

"docker-compose start"命令参数的作用与 stop 参数的作用正好相反,在 Docker Compose 中主要用于重新启动一个已经存在的容器作为一个服务,命令如下所示。

```
docker-compose start
```

效果如图 7-24 所示。

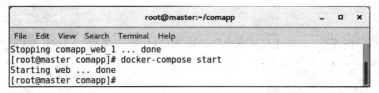

图 7-24　重新启动一个已经存在的容器

启动后,虽然无信息显示,但通过浏览器访问网址后可以获取到数据,说明启动成功。

（4）rm

"docker-compose rm"主要用来删除已经停止的容器,默认情况下并不会删除附加到容器的匿名数据卷。"docker-compose rm"命令包含的部分参数如表 7-4 所示。

表 7-4　"docker-compose rm"命令包含的部分参数

参数	描述
-f,--force	不要求确认删除
-s, --stop	在移动前停止容器
-v	删除附加到容器的任何匿名数据卷

使用"docker-compose rm"命令实现容器的删除，命令如下所示。

```
docker-compose rm
```

效果如图 7-25 所示。

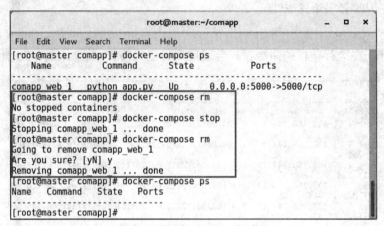

图 7-25　删除已经停止的容器

扫描下方二维码了解更多容器编排工具。

技能点二　Docker Swarm 集群配置与管理

在实际操作中会发现，生产环境中使用单个 Docker 是不够的，搭建 Docker 集群势在必行。而现有的 Kubernetes、Mesos 以及 Swarm 等众多容器集群系统可供选择，其中 Swarm 凭借简单、易学、节省资源的优点从众多容器集群系统中脱颖而出。

1. Docker Swarm 简介

Docker Swarm 与上文描述的 Docker Compose 一样，都是 Docker 官方容器编排项目，不同的是，Docker Compose 工具只能在单个服务器或主机上创建多个容器，而 Docker Swarm 可以在多个服务器或主机上创建容器集群服务。对于微服务的部署，显然 Docker Swarm 会更加适合。

Docker Swarm 在 Docker 1.12 版本之前是一个独立于 Docker 的项目，在 Docker 1.12 版本发布之后，被合并到 Docker 中，成为一个 Docker 的子命令，并且在使用上与原来相比，不需要再配置 Etcd 或者 Consul 来进行服务发现了。Docker Swarm 主要功能是将多台 Docker 主机抽象为一个整体，然后通过一个入口对这些 Docker 主机上的各种 Docker 资源进行统一管理。Swarm 的基本架构如图 7-26 所示。

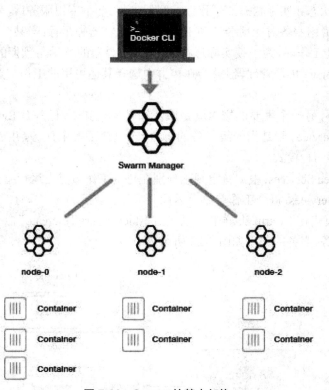

图 7-26　Swarm 的基本架构

使用 Docker Swarm 能够实现集群的功能,在集群中包含两个重要概念,其中一个是节点。当 Docker 运行时,运行 Docker 的主机可以初始化 Swarm 集群或加入已创建的 Swarm 集群,而这个主机也就成为 Swarm 集群的一个节点。在 Swarm 集群中,节点可以分为管理节点和工作节点。管理节点用于 Swarm 集群的管理,"docker swarm"命令基本上只能在管理节点执行(节点退出集群命令"docker swarm leave"可以在工作节点执行);一个 Swarm 集群允许存在多个管理节点,但只有一个管理节点可以成为 Leader(领导者)。工作节点是任务执行节点,需要执行管理节点下发的一些指令。集群中管理节点与工作节点的关系如图 7-27 所示。

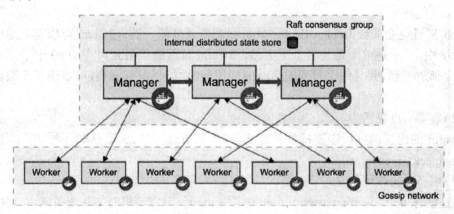

图 7-27　集群中管理节点与工作节点的关系

在 Swarm 集群使用时，manager 节点会不断地进行集群状态的监控，之后协调集群的状态，以保证预期状态和实际状态的一致性。例如，启动一个应用服务后，为其指定了 10 个服务副本，这时该应用服务对应地会启动 10 个 Docker 容器去运行；当某个工作节点上有 2 个 Docker 容器不能工作时，为了使实际运行的 Docker 容器的数量与预期的 10 个仍然保持一致，Swarm Manager（集群管理器）就会在集群中选择其他可用的工作节点，并创建 2 个服务副本。

除了节点外，另一个重要的概念就是服务和任务。其中，任务是 Swarm 中最小的调度单元；而服务（Service）则是指一组任务的集合，它包含了多个任务，并定义了任务的属性。在服务中包含了两种模式。

➢ Replicated Services：根据特定规则分别在每个工作节点上运行指定数量的任务。
➢ Global Services：每个工作节点上运行一个任务。

以上两种模式在 Swarm 集群中可以通过"docker service create"命令的"--mode"参数指定。容器、任务、服务的关系如图 7-28 所示。

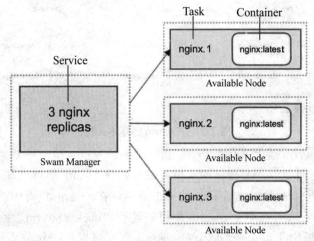

图 7-28　容器、任务、服务的关系

通过上文描述，已经对 Docker Swarm 知识有个一个初步的印象，那么相比于众多容器集群系统，Docker Swarm 有哪些优点呢？Docker Swarm 的优点如下。

（1）性能高

可扩展性是企业级 Docker Engine 集群和容器调度的关键。Swarm 可以有效地应用于任何环境中，不论是单个还是多个服务器。Swarm 目前的极限是可在 1000 个节点上运行 50000 个部署容器，并且每个容器的启动时间很短，性能也没有减损，可以满足多数项目的使用。

（2）容器调度灵活

Swarm 的内置调度程序支持各种过滤器，包括节点标签、关联性和各种基于容器的策略，如 binpack、spread、random 等。

（3）服务的持续可用性

通过创建多个 Swarm master 节点和制定主 master 节点宕机时的备选策略，可以实现服务的持续可用性。如果一个 master 节点宕机,那么一个 slave 节点就会被升级为 master 节点,直到原来的 master 节点恢复正常。此外,若集群中某个节点无法正常加入,Swarm 会继续尝试将其加入,并提供错误日志。在节点出错时,Swarm 会尝试把容器重新调度到正常的节点上去。

2. Docker Swarm 集群操作

通过上面的学习,可以了解到 Swarm 集群由管理节点和工作节点组成。在 Docker Swarm 中,集群的相关操作并不多。Docker Swarm 中包含的部分集群操作命令如表 7-5 所示。

表 7-5 Docker Swarm 中包含的部分集群操作命令

命令	描述
docker swarm init	初始化一个群集(Swarm)
docker swarm join	加入群集作为节点和/或管理器
docker swarm join-token	管理加入令牌
docker swarm leave	离开群集
docker swarm update	更新群集
docker swarm unlock	解锁群集
docker swarm unlock-key	管理解锁钥匙

在使用 Docker Swarm 中包含的命令进行集群操作前,需要事先拉取 Swarm 镜像,并进行一系列准备。例如:需要几台可以进行网络通信的主机,其中主机可以是物理机、虚拟机、云主机等。这里使用了 3 台安装了 Linux 系统的虚拟机。3 台虚拟机命名为"master1""master2""master3",每台主机的 IP 地址如下所示。

```
master1:192.168.244.131
master2:192.168.244.133
master3:192.168.244.135
```

下面详细讲解 Docker Swarm 集群操作命令的具体使用。

(1)docker swarm init

"docker swarm init"命令用于初始化一个 Swarm 集群。这里选择其中一台主机(master1)作为管理节点,在 master1 管理节点运行"docker swarm init"命令即可实现一个 Swarm 集群的初始化。"docker swarm init"命令包含的部分参数如表 7-5 所示。

表 7-5 "docker swarm init"命令包含的部分参数

参数	描述
--advertise-addr	播发地址
--autolock	启用管理员自动锁定
--cert-expiry	节点证书的有效期
--dispatcher-heartbeat	调度心跳周期
--external-ca	一个或多个证书签名端点的规范
--force-new-cluster	强制从当前状态创建一个新的群集
--listen-addr	监听地址

使用"docker swarm init"命令初始化 Swarm 集群,命令如下所示。

```
docker swarm init
```

效果如图 7-29 所示。

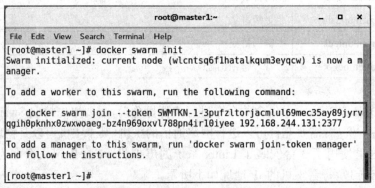

图 7-29　初始化 Swarm 集群

(2) docker swarm join-token

"docker swarm join-token"命令用于查看集群的 Token 信息。"docker swarm join-token"命令包含的部分参数如表 7-6 所示。

表 7-6 "docker swarm init"命令包含的部分参数

参数	描述
--quiet,-q	仅显示令牌
--rotate	旋转连接令牌

使用"docker swarm join-token"命令查看集群的 Token 信息,命令如下所示。

```
docker swarm join-token worker
```

效果如图 7-30 所示。

图 7-30 查看集群的 Token 信息

（3）docker swarm join

"docker swarm join"是一个工作节点加入命令，可以将一台主机作为工作节点并通过 Token 信息加入到初始化后的 Swarm 集群中。"docker swarm join"命令包含的部分参数如 7-7 所示。

表 7-7 "docker swarm join"命令包含的部分参数

参数	描述
--token	进入群体的令牌
--availability	设置节点的可用性，值为 active、pause、drain
--data-path-addr	用于数据路径流量的地址或接口
--listen-addr	监听地址

进入 master2 虚拟机，将主机作为工作节点加入到上面初始化的 Swarm 集群中，命令如下所示。

docker swarm join --token SWMTKN-1-3pufzltorjacmlul69mec35ay89jyrvqgih0pknhx-0zwxwoaeg-bz4n969oxvl788pn4ir10iyee 192.168.244.131:2377

运行命令后会出现"no route to host"错误，效果如图 7-31 所示。

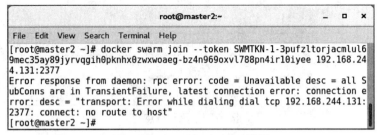

图 7-31 no route to host 错误

进入管理节点运行"sudo iptables -F"命令即可解决上面的问题，效果如图 7-32 所示。

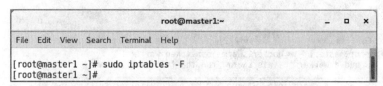

图 7-32　no route to host 错误解决

之后在 master2 节点，再次运行加入集群命令，效果如图 7-33 所示。

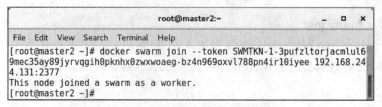

图 7-33　master2 节点加入集群

（4）docker swarm leave

使用"docker swarm leave"命令可以从 Swarm 集群中移除节点。在一个已经搭建好的集群中，如果不再需要用到某个节点，可以将这个节点从集群中移除，否则，只要这个工作节点处于运行状态，就有可能被管理节点使用。"docker swarm leave"命令包含的部分参数如表 7-8 所示。

表 7-8　"docker swarm leave"命令包含的部分参数

参数	描述
--force,-f	强制节点离开群集，忽略警告

使用"docker swarm leave"命令移除 master3 节点，命令如下所示。

```
docker swarm leave --force
```

效果如图 7-34 所示。

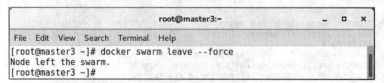

图 7-34　删除节点

3. Docker Swarm 节点操作

在 Docker Swarm 中，除了包含一些集群的相关操作外，还有一些节点操作，如节点的查询、删除、更新等。Docker Swarm 中包含的部分节点操作的相关命令如表 7-9 所示。

表 7-9　Docker Swarm 中包含的部分节点操作命令

命令	描述
docker node ls	列出群中的节点
docker node rm	从群中删除一个或多个节点
docker node update	更新节点
docker node inspect	显示一个或多个节点的详细信息
docker node demote	从群中的管理器降级一个或多个节点
docker node promote	将一个或多个节点提升为群中的管理器
docker node ps	列出在一个或多个节点上运行的任务，默认为当前节点

通过以上创建的 Swarm 集群进行 Docker Swarm 中节点操作命令的详细讲解。

（1）docker node ls

使用"docker node ls"命令可以将 Swarm 集群中的全部节点显示出来。若管理节点和工作节点已经添加到 Swarm 集群中，可以在管理节点中使用节点查看命令来确定节点是否添加成功。"docker node ls"命令包含的部分参数如表 7-10 所示。

表 7-10　"docker node ls"命令包含的部分参数

参数	描述
--filter,-f	根据提供的条件过滤输出
--format	使用 Go 模板打印节点
--quiet,-q	仅显示 ID

使用"docker node ls"命令查看 Swarm 集群中的全部节点信息，命令如下所示。

```
docker node ls
```

效果如图 7-35 所示。

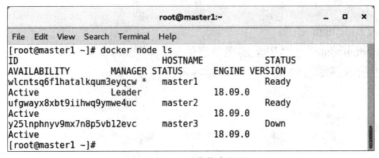

图 7-35　查看节点信息

通过图 7-35 可以看到，添加的三个工作节点中带有"Leader"字样的工作节点就是管理节点。

（2）docker node rm

"docker node rm"命令用于彻底删除节点。从图 7-35 中可以看到,通过集群操作中的"docker swarm leave"命令并没有将 master3 节点从 Swarm 中完全删除,只是改变了其节点的状态。如果想要彻底地删除这个节点,在管理节点执行"docker node rm"命令加上节点的 ID 即可。"docker node rm"命令包含的部分参数如表 7-10 所示。

表 7-10 "docker node rm"命令包含的部分参数

参数	描述
--force,-f	强制从群中删除节点

使用"docker node rm"命令强制删除节点,命令如下所示。

```
// 彻底删除节点,y25lnphnyv9mx7n8p5vb12evc 为节点 ID
docker node rm --force y25lnphnyv9mx7n8p5vb12evc
```

效果如图 7-36 所示。

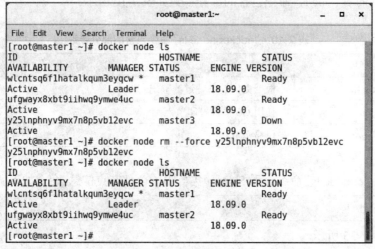

图 7-36　彻底删除节点

（3）docker node update

"docker node update"命令用于实现节点的更新。"docker node update"命令包含的部分参数如表 7-11 所示。

表 7-11 "docker node update"命令包含的部分参数

参数	描述
--role	设置节点的角色
--availability	设置节点的可用性,值为 active、pause、drain
--label-add	添加或更新节点标签,方式:key=value
--label-rm	删除节点标签

使用"docker node update"命令实现节点之间角色的变换,命令如下所示。

```
// 将 master2 工作节点变换为管理节点
docker node update --role manager master2
```

效果如图 7-37 所示。

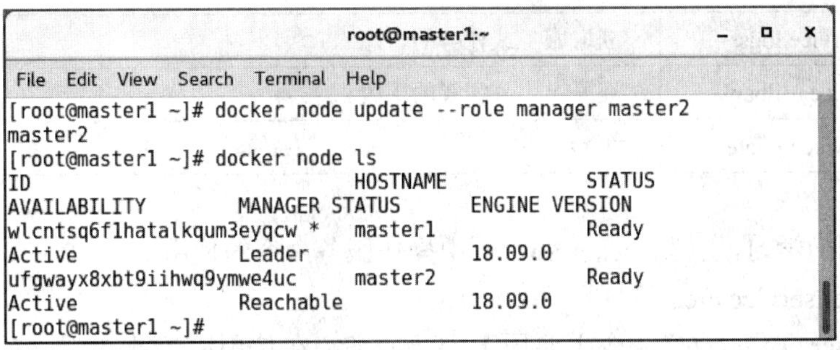

图 7-37 角色变换

在图 7-37 中可以看到 master2 工作节点的状态发生了改变,变为 Reachable 状态,但还没有变为 Leader,这是因为一个 Swarm 集群只能有一个管理节点可以成为 Leader,因此可以将管理节点 master1 改变为工作节点,命令如下所示。

```
// 将 master1 管理节点变换为工作节点
docker node update --role worker master1
```

节点角色变换完成后,从 master2 节点中查看节点信息,效果如图 7-38 所示。

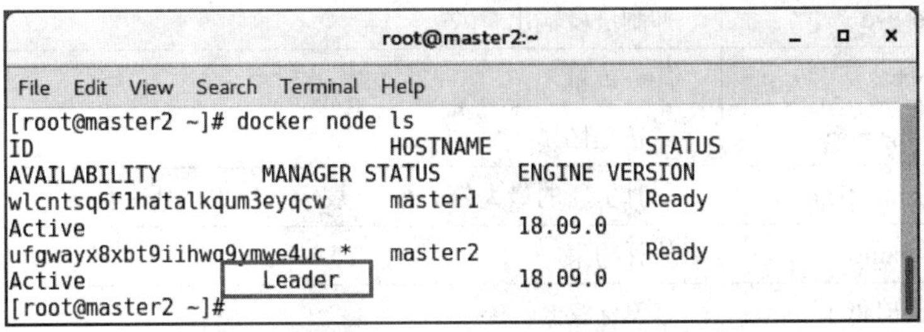

图 7-38 查看节点信息

从图 7-38 中可以看出,"master2"成为 Leader。

4. Docker Swarm 服务操作

在最开始介绍 Docker Swarm 时就已经提到过服务这个概念了,一个集群中各个节点都需要干什么事情,怎么干,这些都是通过 Swarm 服务来实现的。在 Docker Swarm 中操作服务的相关命令有很多,如表 7-12 所示。

表 7-12 Docker Swarm 中包含的部分操作服务命令

命令	描述
docker service create	创建一个新服务
docker service ls	查询服务
docker service inspect	显示一个或多个服务的详细信息
docker service ps	查询一个或多个服务的任务
docker service scale	扩展一个或多个复制的服务
docker service rm	删除一个或多个服务
docker service logs	获取服务或任务的日志
docker service rollback	还原对服务配置的更改
docker service update	更新服务

通过下面的学习,了解 Docker Swarm 中操作服务命令的使用。

(1)docker service create

"docker service create"命令主要用于创建服务。在使用服务前,需要在管理节点使用"docker service create"命令创建一个服务,并可以通过"--replicas"参数在创建服务时指定服务的副本任务个数。"docker service create"命令包含的部分参数如表 7-13 所示。

表 7-13 "docker service create"命令包含的部分参数

参数	描述
--name	服务名称
--network	网络附件
--publish,-p	将端口发布为节点端口
--quiet,-q	抑制进度输出
--replicas	任务数量
--reserve-memory	储备记忆
--update-parallelism	同时更新的最大任务数(0 表示一次更新所有任务)
--constraint	放置约束
--container-label	容器标签
--env,-e	设置环境变量
--label-add	添加或更新节点标签,方式:key=value
--label-rm	删除节点标签

使用"docker service create"命令在管理节点创建名为"helloworld"的服务,命令如下所示。

> //"alpine ping docker.com"指定创建服务所使用的是 alpine 镜像,"ping docker.com"是实例启动时运行的命令
> docker service create --replicas 1 --name helloworld alpine ping docker.com

效果如图 7-39 所示。

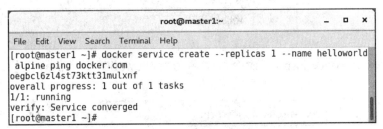

图 7-39　运行服务部署

(2) docker service ls

"docker service ls"命令用于查看服务。当服务创建完成后,并不代表服务创建成功,需要使用"docker service ls"服务查看命令进行判断,运行服务中包含"helloworld"说明服务创建成功。"docker service ls"命令包含的部分参数如表 7-14 所示。

表 7-14　"docker service ls"命令包含的部分参数

参数	描述
--filter, -f	根据提供的条件过滤输出
--format	使用 Go 模板打印服务
--quiet, -q	仅显示 ID

使用"docker service ls"命令查看服务,命令如下所示。

> docker service ls

效果如图 7-40 所示。

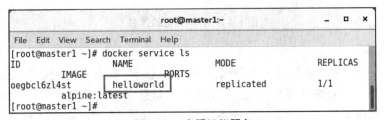

图 7-40　查看运行服务

(3) docker service inspect

"docker service inspect"命令用于查看服务的详细信息。在部署了服务之后,可以在管

理节点,运行"docker service inspect"命令来显示服务的详细信息,在"docker service inspect"命令中加入参数"--pretty"可以使输出的内容简化,如果不加"--pretty"则可以输出更详细的信息。"docker service inspect"命令包含的部分参数如表所示。

表 7-15 "docker service inspect"命令包含的部分参数

参数	描述
--format,-f	使用给定的 Go 模板进行格式化输出
--pretty	以人性化的格式打印信息

使用"docker service inspect"命令查询名为"helloworld"服务的详细信息,命令如下所示。

```
docker service inspect --pretty helloworld
```

效果如图 7-41 所示。

图 7-41 显示服务的信息

(4) docker service ps

"docker service ps"命令用于查询当前服务包含的全部任务。使用"docker service inspect"命令尽管可以获取很多的信息,但是在这些信息中并没有显示运行该服务的节点是哪一个,以及当前服务中包含了哪些任务,因此可以使用"docker service ps + 服务名称"命令查看服务中任务的相关信息。"docker service ps"命令包含的部分参数如表 7-16 所示。

表 7-16 "docker service ps"命令包含的部分参数

参数	描述
--filter , -f	根据提供的条件过滤输出
--format	使用 Go 模板的漂亮打印任务
--no-resolve	不要将 ID 映射到名称
--no-trunc	不要截断输出
--quiet , -q	仅显示任务 ID

使用"docker service ps"命令查看服务中包含的任务,命令如下所示。

```
docker service ps helloworld
```

效果如图 7-42 所示。

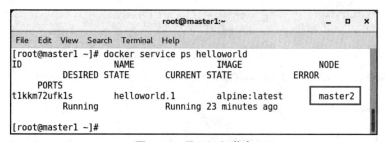

图 7-42　显示运行节点

（5）docker service scale

"docker service scale"命令用于实现服务中任务扩展。在 Swarm 中由于服务动态扩展的特性,使用"docker service scale"可以将服务中的任务扩展到指定的数量。"docker service scale"命令包含的部分参数如表 7-17 所示。

表 7-17 "docker service scale"命令包含的部分参数

参数	描述
--detach,-d	立即退出,而不是等待服务收敛

使用"docker service scale"命令扩展服务中的任务数,命令如下所示。

```
docker service scale helloworld=5
```

效果如图 7-43 所示。

再次查询服务中任务的相关信息,可以看到新创建的 4 个 task 将服务中任务的数量扩展到了 5 个,并被分配在不同的 Swarm 节点上,效果如图 7-44 所示。

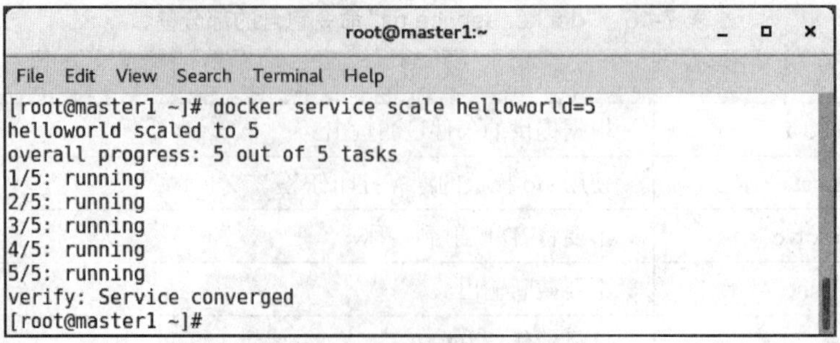
root@master1:~
File Edit View Search Terminal Help
[root@master1 ~]# docker service scale helloworld=5
helloworld scaled to 5
overall progress: 5 out of 5 tasks
1/5: running
2/5: running
3/5: running
4/5: running
5/5: running
verify: Service converged
[root@master1 ~]#

图 7-43　服务扩展

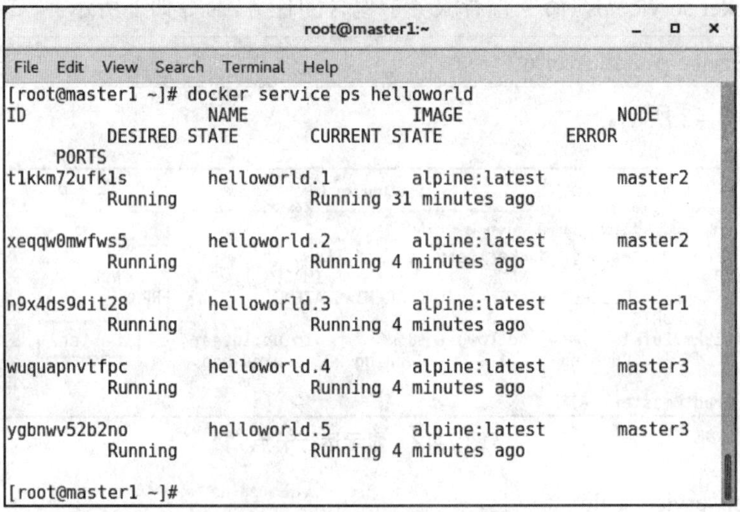
root@master1:~
File Edit View Search Terminal Help
[root@master1 ~]# docker service ps helloworld
ID NAME IMAGE NODE
DESIRED STATE CURRENT STATE ERROR
PORTS
t1kkm72ufk1s helloworld.1 alpine:latest master2
Running Running 31 minutes ago
xeqqw0mwfws5 helloworld.2 alpine:latest master2
Running Running 4 minutes ago
n9x4ds9dit28 helloworld.3 alpine:latest master1
Running Running 4 minutes ago
wuquapnvtfpc helloworld.4 alpine:latest master3
Running Running 4 minutes ago
ygbnwv52b2no helloworld.5 alpine:latest master3
Running Running 4 minutes ago
[root@master1 ~]#

图 7-44　查询服务状态

（6）docker service rm

“docker service rm”命令用于删除服务。服务可以被创建部署，也可以被删除。在删除服务时，会将在各个节点上创建的容器一同删除。使用“docker service rm”命令实现服务的删除，命令如下所示。

```
docker service rm helloworld
```

为了验证删除的效果，首先在 master2 节点查看当前的容器，效果如图 7-45 所示。

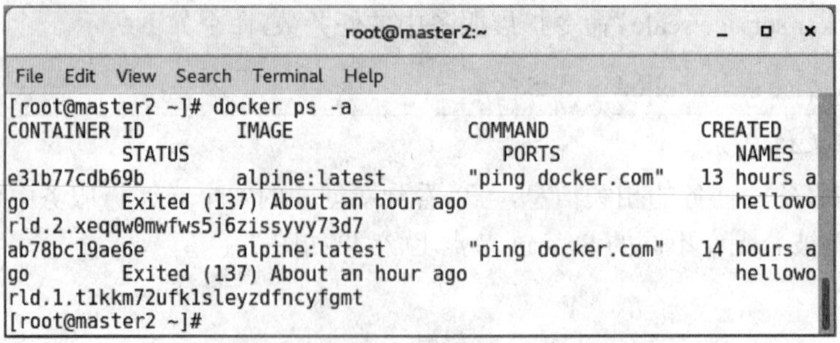
root@master2:~
File Edit View Search Terminal Help
[root@master2 ~]# docker ps -a
CONTAINER ID IMAGE COMMAND CREATED
STATUS PORTS NAMES
e31b77cdb69b alpine:latest "ping docker.com" 13 hours a
go Exited (137) About an hour ago hellowo
rld.2.xeqqw0mwfws5j6zissyvy73d7
ab78bc19ae6e alpine:latest "ping docker.com" 14 hours a
go Exited (137) About an hour ago hellowo
rld.1.t1kkm72ufk1sleyzdfncyfgmt
[root@master2 ~]#

图 7-45　在 master2 节点查看当前的容器

之后，在 master1 管理节点运行上面的删除命令，效果如图 7-46 所示。

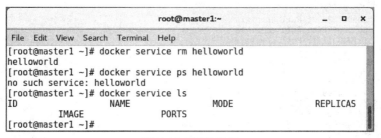

图 7-46　删除服务

通过图 7-46 可以看出，服务已经被删除了，那么它所创建的容器是否同样被删除了呢？我们可以再次进入 master2 节点查看当前的容器，当容器不存在时说明一起被删除了，效果如图 7-47 所示。

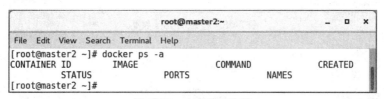

图 7-47　查看当前容器

扫描下方二维码了解更多 Docker 集群部署技术。

使用 Docker Swarm 可以实现集群的构建，而使用 Docker Compose 同样能够进行集群的构建，根据不同情况合理地使用才能发挥它们各自的优点。通过下面几个步骤，使用 Docker Compose 进行大数据 Spark 集群的搭建。（注意：搭建 Spark 集群需要足够大运行内存和物理内存，这里使用的是 8 GB 运行内存和 60 GB 物理内存）

第一步，安装支持 Spark 集群运行的镜像，这里使用的是 sequenceiq/docker-spark 镜像，在这个镜像中安装了 Spark 的完整依赖，安装命令如下所示。

```
docker pull sequenceiq/spark:1.6.0
```

效果如图 7-48 所示。

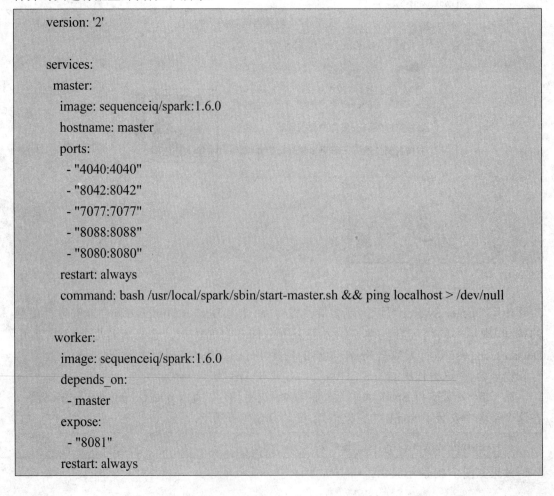

图 7-48 拉取 Spark 镜像

第二步，新建一个 Spark 文件夹，之后在 Spark 文件夹中新建"docker-compose.yml"文件并对其进行配置，内容如下所示。

```
version: '2'

services:
  master:
    image: sequenceiq/spark:1.6.0
    hostname: master
    ports:
      - "4040:4040"
      - "8042:8042"
      - "7077:7077"
      - "8088:8088"
      - "8080:8080"
    restart: always
    command: bash /usr/local/spark/sbin/start-master.sh && ping localhost > /dev/null

  worker:
    image: sequenceiq/spark:1.6.0
    depends_on:
      - master
    expose:
      - "8081"
    restart: always
```

> command: bash /usr/local/spark/sbin/start-slave.sh spark://master:7077 && ping localhost >/dev/null

在"docker-compose.yml"文件中,定义了两种类型的服务,一个是 master,另一个是 worker,其中 master 用于管理操作,它映射了好几组端口到本地。端口的功能如下。

4040:当 Spark 运行任务时,它提供 Web 界面观察任务的特定执行状态,包括执行哪个阶段以及执行哪个程序。具体效果如图 7-1 所示。

8042:Hadoop 的节点管理界面,效果如图 7-49 所示。

图 7-49　Hadoop 节点管理界面

7077:Spark 主节点的监听端口。用户可以将应用提交到该端口,worker 节点也可以通过 7077 端口连接到主节点构成集群。

8080:Spark 的监控界面,可以看到所有 worker、应用的整体信息,效果如图 7-50 所示。

8088:Hadoop 集群的整体监控界面,效果如图 7-51 所示。

worker 类型的服务主要负责具体的处理,在集群启动后,将执行"/usr/local/spark/bin/start-master.sh spark://master:7077"命令使自己成为 worker 节点,之后通过 ping 来避免容器的退出。如果想要查看 worker 节点上任务具体的执行情况,可通过访问 8081 端口实现,效果如图 7-52 所示。

第三步,启动 Spark 集群,在 Spark 目录下执行启动命令即可,命令如下所示。

> docker-compose up

效果如图 7-53 所示。

图 7-50　Spark 监控界面

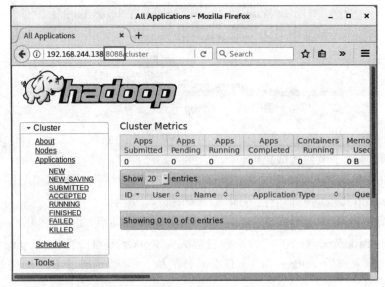

图 7-51　Hadoop 集群整体监控界面

项目七　Docker 强化之集群搭建　　213

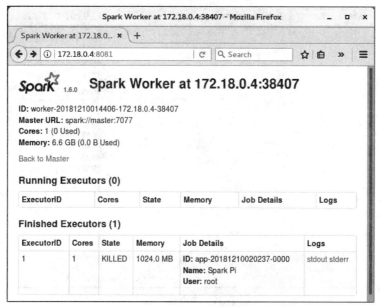

图 7-52　查看 worker 节点上任务具体的执行情况

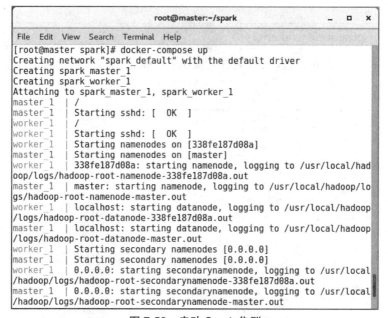

图 7-53　启动 Spark 集群

第四步,查看当前集群的状态,命令如下所示。

```
docker-compose ps
```

效果如图 7-54 所示。

通过图 7-54 可以看到跟"docker-compose.yml"文件中的定义相同,集群中包括一个 master 节点和一个 worker 节点。

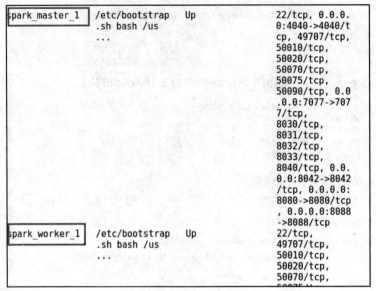

图 7-54　查看集群状态

第五步，当任务较多，当前的节点已经不足以支撑对任务进行处理时，可以进行集群扩容，命令如下所示。

```
docker-compose scale worker=2
```

扩容后再次查看集群状态，此时集群变成了一个 master 节点和两个 worker 节点，效果如图 7-55 所示。

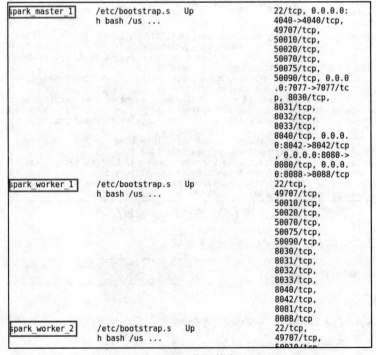

图 7-55　集群状态

第六步，集群测试。

先进入 Spark 集群的 master 节点，命令如下所示。

```
//spark_master_1 为节点名称
docker exec -it spark_master_1 /bin/bash
```

之后使用"spark-shell"命令进入 Spark 集群的交互模式，即可说明 Saprk 集群创建成功，效果如图 7-56 所示。

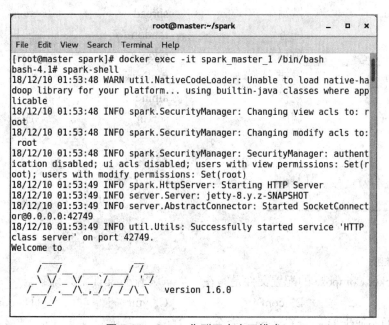

图 7-56　Spark 集群开启交互模式

确定 Spark 集群安装成功后，可以使用"spark-submit"命令进行作业的提交，来验证 Spark 集群的能力，命令如下所示。

```
/usr/local/spark/bin/spark-submit --master spark://master:7077 --class org.apache.spark.examples.SparkPi /usr/local/spark/lib/spark-examples-1.6.0-hadoop2.6.0.jar 1000
```

在命令执行过程中，通过访问 4040 端口可以看到作业被分配到不同的 worker 节点上执行，效果如图 7-1 所示。

至此，Spark 集群搭建完成。

通过对 Spark 集群搭建功能的实现，对 Docker Compose 和 Swarm 的相关知识有了初步了解，对 Docker Compose 使用和 Docker Swarm 集群的构建有所了解，并能够通过所学的

Docker Compose 工具的相关知识实现 Spark 集群的搭建。

compose	撰写	spread	传播
task	任务	random	随机
project	项目	node	节点
release	发布	replicas	副本
scale	规模	alpine	高山
scheduler	调度	server	服务器

1. 选择题

（1）Docker Compose 的配置文件是写在"（　　）"配置文件中。

A. .txt　　　　　　B. .conf　　　　　　C. .yml　　　　　　D. .config

（2）下面不属于 Docker Compose 命令的是"（　　）"。

A. build　　　　　B. help　　　　　　C. logs　　　　　　D. rename

（3）下面选项中（　　）不是容器集群。

A. Kubernetes　　B. Mesos　　　　　C. Task　　　　　　D. Swarm

（4）部署服务之后，运行"（　　）"命令会显示服务信息。

A. --pretty　　　　B. --privileged　　　C. --name　　　　　D. --logs

（5）下列方法中不能安装 Docker Compose 的是（　　）。

A. pip 安装　　　　B. 直接下载文件　　C. 在 Docker 中运行　D. 在软件中运行

2. 简答题

（1）简述 Docker Compose 的概念。

（2）简述什么是 Docker Swarm。

项目八 Docker 部署之项目发布

通过实现 Maven 项目的部署发布，了解 Rancher 管理平台的相关知识，熟悉 Rancher 管理平台环境搭建和基本操作，掌握 Jenkins 工具的安装配置和项目部署，具有使用 Jenkins 工具部署项目的能力，在任务实现过程中：

➢ 了解 Rancher 管理平台的基本概念；
➢ 熟悉 Rancher 管理平台的安装和相关操作；
➢ 掌握 Jenkins 工具的使用和安装；
➢ 具有使用 Jenkins 工具实现项目部署的能力。

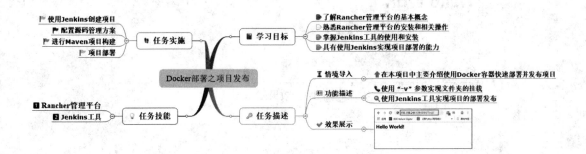

【情境导入】

项目开发完成后,需要花费大量的时间进行调试,直到没有任何问题之后才会被部署发布出来供用户使用。使用一般的方式进行项目的部署不仅过程很复杂而且很浪费时间,而且在服务器中,随着 Docker 越来越强大,使用 Docker 开发的应用也随之增多,部署的应用也相应地增多,这给管理人员带来很大的困扰,而 Rancher 管理平台和 Jenkins 工具的出现,很好地解决了 Docker 的管理和部署发布问题。本项目通过对 Rancher 管理平台和 Jenkins 工具使用的讲解,最终完成项目的部署发布。

【功能描述】

- 使用"-v"参数实现文件夹的挂载;
- 使用 Jenkins 工具实现项目的部署发布。

【效果展示】

通过对本项目的学习,使用 Jenkins 工具的相关知识完成 maven 项目的部署发布。效果如图 8-1 所示。

图 8-1　效果图

技能点一 Rancher 管理平台

Docker 应用越来越多,复杂的部署过程给我们带来了很多的麻烦,为了解决这一问题,我们选用了一款开源的容器服务管理平台进行应用的部署,这个平台被称为 Rancher。

1. Rancher 简介

Rancher 是继 Apache Mesos、Google Kubernetes 以及 Docker Swarm 之后,又一个可用于生产环境中开源的企业级容器管理平台,可使容器的部署和管理变得更加简单。通过使用 Rancher,企业不必使用一系列的开源软件去从头搭建容器服务平台。Rancher 在生产过程中是一个 Docker 的全栈化容器部署与管理平台。目前已有超过 8000 万次下载和超过 15000 个生产环境的应用。

由于 Rancher 本身是基于 Docker 的 GUI(图形用户界面),因此可以通过 Web 界面管理 Docker 容器,在定位上和 Kubernetes 比较接近,都是通过 Web 界面赋予完全的 Docker 服务编排功能。

在 Rancher 中,包含了多主机网络、全局和局部的负载均衡、卷快照、主机管理、防护墙等多种基础架构服务,并且集成了原生 Docker 的管理能力,包括 Docker Machine 和 Docker Swarm 等。Rancher 架构如图 8-2 所示。

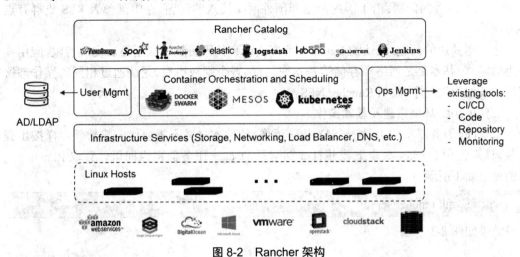

图 8-2 Rancher 架构

Rancher 提供了 Kubernetes、Swarm 以及 Mesos 的产品,可以使用户在统一的界面上按照自己的需要选择和配置不同容器集群的运行环境。另外,Rancher 还可以与各类 CI/CD

工具同时工作,实现了开发、测试、预生产和生产环境的自动部署,提供可视化的主机、容器、网络及存储管理,大幅度简化运维人员故障排除和生产部署的任务量。Rancher 优点如下。

（1）图形化方式

简单的 Web 管理界面,在 Docker 易操作的基础上,更深层次地降低使用 Docker 技术部署 Docker 应用的难度。

（2）Docker 编排

Rancher 支持多种容器编排和调度框架,包括 Docker Swarm、Kubernetes 和 Mesos。同一用户可以创建多个 Swarm 或 Kubernetes 群集,然后,它们可以使用本地 Swarm 或 Kubernetes 工具来管理其应用程序。

Rancher 不仅有 Swarm、Kubernetes 和 Mesos,还拥有本身的容器编排和调度框架,称之为"Cattle"。Cattle 被广泛用于协调基础设施服务,建立、管理和升级 Swarm、Kubernetes 和 Mesos 群集。

（3）一键部署

Rancher 用户在应用程序的目录中部署整个应用程序只需要一个按钮。当新版本的应用程序可以使用时,用户可以把部署的应用程序改为全自动升级。

（4）企业级控制

Rancher 支持灵活的用户验证插件和 Active Directory、LDAP 和 GitHub 的集成。Rancher 支持环境级别基于角色的访问控制（RBAC）,允许用户和组共享或拒绝访问开发和生产环境。

（5）资源弹性分配

使用内置的应用程序负载均衡器,服务至少需要一个容器实例,当负载不足或太强时,只需可视化操作,增加或减少服务中容器的实例数量就可以解决问题,并且应用系统具有自然的弹性扩展能力。

Rancher 有着主动的优点,但也存在以下缺点。

① K8S 部署的问题:由于国内网络和国外网络接入的问题,在中国部署 K8S 集群有点不方便。

② 应用商店的问题:默认的 Rancher 官方认证和社区贡献的应用商店内容有限,应用程序不够丰富,基本上是网络和存储等基本应用;部署个别应用后,无法通过相同的操作部署相同的其他应用程序,比如 Rancher NFS。

2. Rancher 环境搭建及基本操作

Rancher 服务器实质上是一个 Docker 镜像,软件本身并不需要像一般软件那样按步骤安装,只需使用 Docker 命令下载并且成功运行 Docker 服务器镜像即可。获取 Rancher 镜像的命令如下所示。

```
docker pull rancher/server
```

效果如图 8-3 所示。

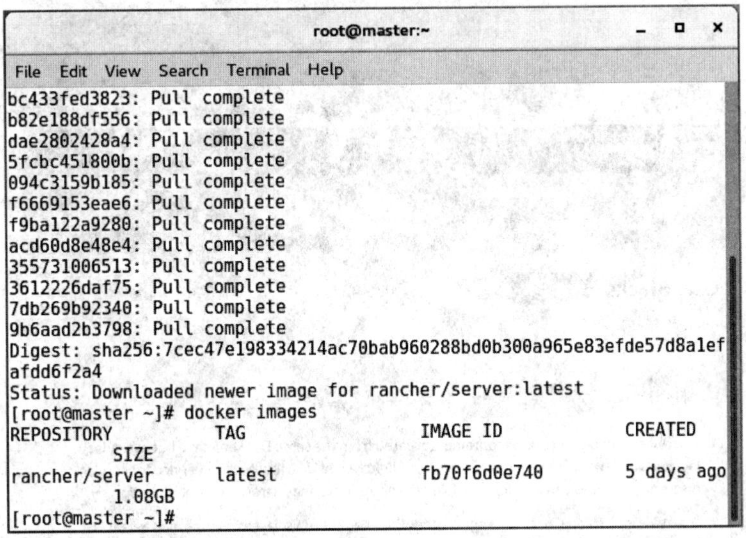

图 8-3 获取 Rancher 镜像

添加 Rancher 镜像后，可以使用"docker run"命令创建并运行 Rancher 容器，在创建容器时使用"-p"参数将 Rancher 镜像端口映射到宿主机指定端口，命令如下所示。

docker run -d --restart=always -p 8080:8080 rancher/server

效果如图 8-4 所示。

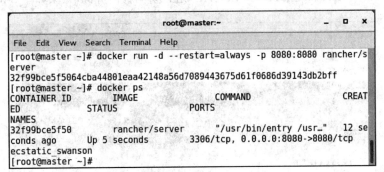

图 8-4 创建并运行 Rancher 容器

Rancher 安装成功之后可以通过端口进行页面的访问并在界面进行 Docker 的各种操作。可以通过访问"IP + 8080 端口号"访问 Rancher 管理平台主界面，效果如图 8-5 所示。

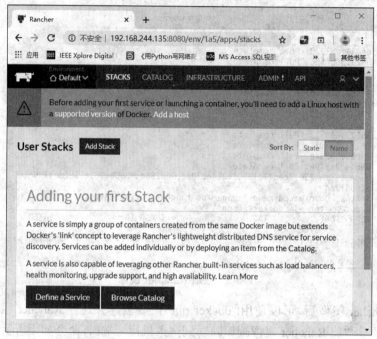

图 8-5　Rancher 管理平台主界面

进入管理平台主界面后，为了保证 Rancher 的安全，可以给 Rancher 配置一个登录账号。点击"ADMIN"→"Access Control"→"LOCAL"进入访问控制界面，效果如图 8-6 所示。

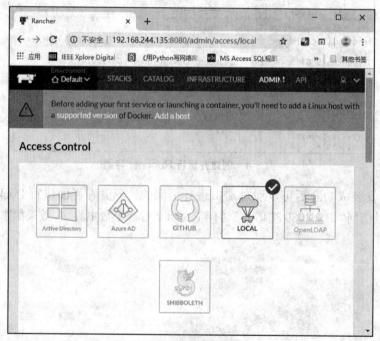

图 8-6　访问控制界面

在访问控制页面下方找到"Setup an Admin user"区域，填写相应的信息，之后在"Enable

Access Control"下方点击"Enable Local Auth"按钮即可完成登录账户配置,效果如图 8-7 所示。

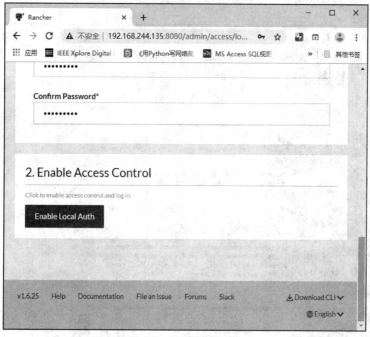

图 8-7　登录账户配置

配置完成后,重新进入管理平台主界面会出现账户登录界面,如图 8-8 所示,正确输入登录信息可进入管理平台主界面,这样能够极大地保证管理平台的安全。

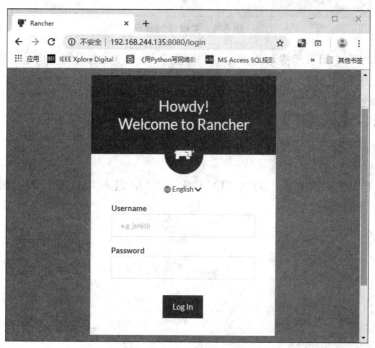

图 8-8　登录界面

登录之后，进行主机的添加，通过点击"INFRASTRUCTURE"→"Hosts"→"Add Host"→"Save"进入添加界面，效果如图 8-9 所示。

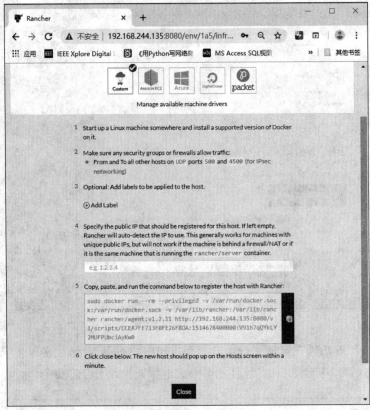

图 8-9 主机添加界面

之后将图 8-9 中第五步提示的命令复制并在主机（注意，这里的主机是区别于上面运行容器主机的另一台主机）上运行，操作完成后，单击主机添加界面上的"Close"按钮后，查看主机界面上添加的主机信息，效果如图 8-10 所示。

3. Rancher 应用部署

当主机添加成功后，就可以通过平台在主机上部署应用了，这里使用一个平台自带的"WordPress"应用来介绍如何部署应用，步骤如下。

第一步，单击平台主界面上的"CATALOG"→"All"进入 Rancher 应用程序商店选择应用。效果如图 8-11 所示。

项目八　Docker 部署之项目发布　　225

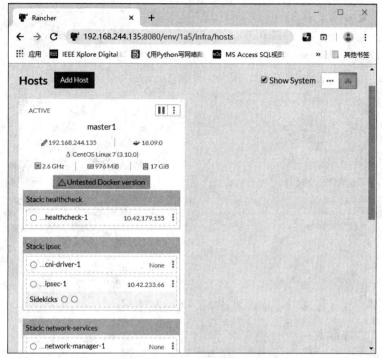

图 8-10　主机界面查看信息

图 8-11　应用商店界面

第二步，点击"View Details"按钮进入"WordPress"应用添加界面，选择模板版本之后，填写应用的名称，最后修改访问的端口，以防止产生端口冲突问题，效果如图 8-12 所示。

图 8-12 "WordPress"应用添加界面

第三步,填写完信息后,单击"Launch"按钮可以创建并启动该服务,应用启动界面效果如图 8-13 所示。

图 8-13 应用启动界面

第四步,当服务启动成功后,点击"INFRASTRUCTURE"→"Containers"进入容器管理界面,可以看到新创建的应用容器已经添加到了容器列表并被启动,效果如图 8-14 所示。

项目八 Docker 部署之项目发布

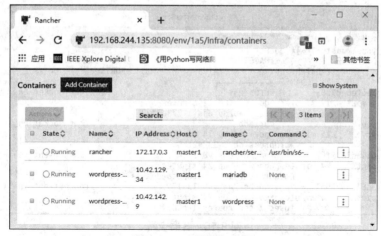

图 8-14　容器管理界面

第五步，点击容器的名称可以进入信息查看界面，在这个界面可以看到当前容器运行情况的相关信息，如 CPU 使用率、内存使用率等，效果如图 8-15 所示。

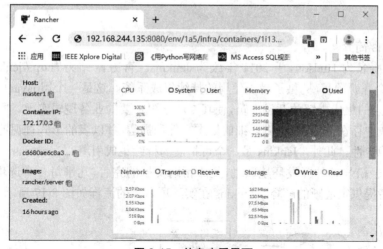

图 8-15　信息查看界面

第六步，通过以上步骤完成了容器的创建和启动，可以使用命令行方式验证 Docker 是否启动，效果如图 8-16 所示。

扫描下方二维码了解更多 Docker 管理工具。

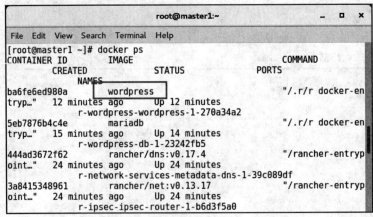

图 8-16 容器查看

技能点二　Jenkins 工具

1. Jenkins 简介

Jenkins，原名为 Hudson，于 2011 年改为 Jenkins。官方网站为"http://jenkins-ci.org/"。Jenkins 是一个开源项目，提供了易于使用的持续集成系统。这是一个用 java 开发的持续集成工具，从繁杂的集成中解放开发人员，使其专注于更重要的业务逻辑实现。同时，Jenkins 可以监控集成中存在的错误，提供详细的日志文件和提醒，并以表的形式直观地显示项目构建的趋势和稳定性。此外，Jenkins 是一个可扩展的持续集成引擎，在 Jenkins 中有着大量的插件，它可以轻松与各种开发环境联动，集成帮助文档的完善，几乎每一个选项旁的"?"都可以为初学者提供很清晰的解释。Jenkins 在实际项目上的流程如图 8-17 所示。

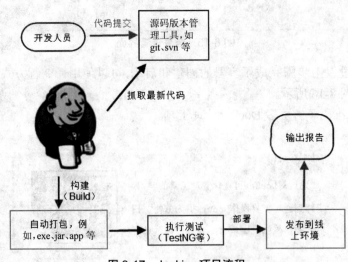

图 8-17　Jenkins 项目流程

Jenkins 优势如下。
> 易安装:从官网下载"java -jar jenkins.war"文件后,无需额外的安装即可运行,且无须安装数据库。
> 易配置:提供友好的 GUI 配置界面。
> 变更支持:Jenkins 可以从代码仓库(Subversion/CVS)检索和生成代码更新列表并将它们输出到编译的输出信息中。
> 支持永久链接:用户通过 Web 来访问 Jenkins,这些 Web 网页的链接地址是永久链接地址,因此链接可以直接使用于各种文档。
> 集成 E-Mail/RSS/IM:当完成一次集成后,可以通过这些工具实时显示集成结果。
> JUnit/TestNG 测试报告:以图表等形式提供详细的测试报告。
> 支持分布式构建:Jenkins 可以将集成构建等工作分发到多台计算机中。
> 文件指纹信息:Jenkins 保存集成构建产生的 jars 文件,以及包括集成构建使用的各版本 jars 文件等信息在内的构建记录。
> 支持第三方插件:这使得 Jenkins 变得越来越强大。

相比于其他的持续集成工具,Jenkins 功能强大,具体功能举例如下:
> 定时拉取代码并编译;
> 进行静态代码分析;
> 定时打包发布测试版;
> 自定义额外的操作,如跑单元测试等;
> 出错提醒。

2. Jenkins 安装及基础配置

持续集成可实现全天的多种集成和测试,便于检查缺陷和了解软件的健康状况;可以减少重复操作,大大节省了时间、成本和工作量;还能够在任何时间部署软件的发布。以下使用 Jenkins 工具构建运行 Java 项目的持续集成。在构建集成环境的过程中,包含了 jdk、maven、jenkins 以及 GIT 相关工具的安装及配置,步骤如下。

第一步,创建 Jenkins 容器。

进行 Jenkins 工具的安装,由于在 Docker 中已经包含了 Jenkins 的相关镜像,只需要获取 Jenkins 镜像即可使用 Jenkins 工具,获取镜像命令如下所示。

```
docker pull jenkins
```

效果如图 8-18 所示。

```
7e46ccda148a: Pull complete
c0cbcb5ac747: Pull complete
35ade7a86a8e: Pull complete
aa433a6a56b1: Pull complete
841c1dd38d62: Pull complete
b865dcb08714: Pull complete
5a3779030005: Pull complete
12b47c68955c: Pull complete
1322ea3e7bfd: Pull complete
Digest: sha256:eeb4850eb65f2d92500e421b430ed1ec58a7ac909e91f518926e024
73904f668
Status: Downloaded newer image for jenkins:latest
[root@master ~]# docker images
REPOSITORY          TAG           IMAGE ID        CREATED
          SIZE
jenkins             latest        cd14cecfdb3a    4 months a
go        696MB
[root@master ~]#
```

图 8-18 获取 Jenkins 镜像

在当前系统中安装 jdk、Tomcat、maven（具体安装这里不再讲解），安装完成后就可以使用下载的 Jenkins 镜像进行容器的创建。在创建容器时将 Tomcat、maven、jdk 挂载到容器中，命令如下所示。

> docker run -p 9090:8080 --name jenkins
> \ -v /usr/bin/docker:/usr/bin/docker
> \ -v /var/run/docker.sock:/var/run/docker.sock
> \ -v /usr/local/jdk/jdk:/usr/local/jdk/jdk
> \ -v /usr/local/tomcat/tomcat:/usr/local/tomcat/tomcat
> \ -v /usr/local/maven/maven:/usr/local/maven/maven jenkins:latest

效果如图 8-19 所示。

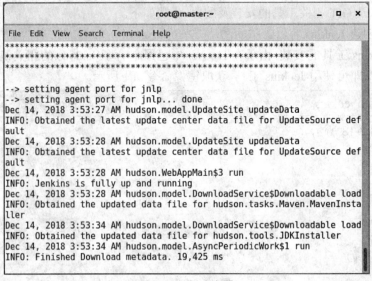

图 8-19 创建容器

第二步，进入 Jenkins 主界面。

配置 Jenkins 前需要先进入 Jenkins 的主界面，输入"IP + 端口号"即可进入。第一次进入时，会发现进入的不是主界面，而是一个验证界面，需要输入密码才可以进入之后的界面，效果如图 8-20 所示。

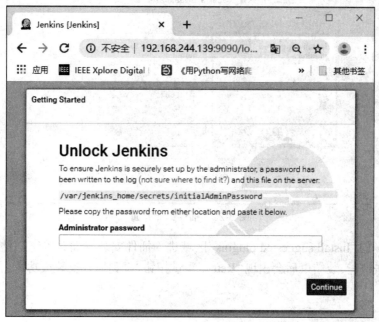

图 8-20　验证界面

在创建容器的过程中，并没有进行账号或密码的设置，实际上这个密码是创建容器时 Jenkins 自动生成的，只需要进入 jenkins 容器，然后使用一条命令就能够获取密码了。获取密码的命令如下所示。

```
// 进入容器
docker exec -it jenkins /bin/bash
// 获取密码
cat /var/jenkins_home/secrets/initialAdminPassword
```

效果如图 8-21 所示。

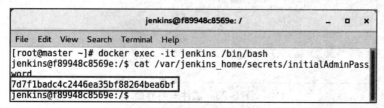

图 8-21　获取密码

找到密码后，退出容器，使用这个密码进行登录，登录之后就会进入插件选择界面，效果如图 8-22 所示。

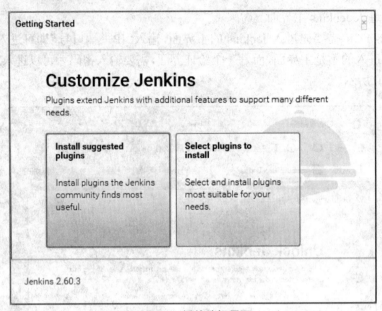

图 8-22 插件选择界面

点击左侧的"Install suggested plugins"区域进入插件安装界面并等待插件安装完毕,如果插件安装失败,安装结束后会出现"Retry"重试按钮,直到插件安装成功才会结束,效果如图 8-23 所示。

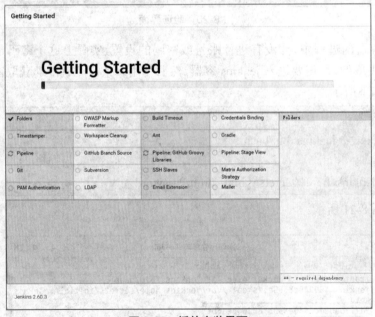

图 8-23 插件安装界面

耐心等待一段时间,插件安装完成后,会进入创建管理员界面,效果如图 8-24 所示。

图 8-24　创建管理员界面

根据表单填写相应的信息，信息填写正确后，点击"Sava and Finish"按钮即可进入 Jenkins 主界面，效果如图 8-25 所示。

图 8-25　Jenkins 主界面

第三步，Jenkins 相关配置。

在使用 Jenkins 工具创建项目之前，还需要进行相关的配置，包括 jdk、maven 的配置。点击左边导航栏的"系统管理"进入系统设置界面，效果如图 8-26 所示。

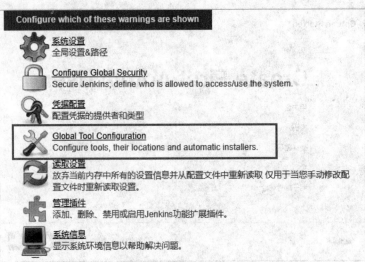

图 8-26　系统设置界面

点击系统设置列表中"Global Tool Configuration"进入配置界面,在这里就可以配置 jdk、maven 了,但是在选择路径时只需使用挂载文件所定义的路径即可。配置 jdk 的效果如图 8-27 所示。

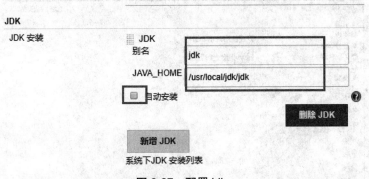

图 8-27　配置 jdk

注意,如果想要出现路径配置,需要将自动安装前面的单选框去掉选中状态。

之后进行 maven 的配置,效果如图 8-28 所示。

图 8-28　配置 maven

使用 Jenkins 工具的目的是将项目打包之后发布到 Tomcat 中,因此还需要一个可以将项目发布到 Tomcat 的插件。返回系统管理界面,点击"管理插件"进入插件管理界面后,进入"可选插件"标签项,在右上方搜索"container",在结果中选择"Deploy to container",点击安装即可,效果如图 8-29 所示。

图 8-29　插件管理界面

在浏览器输入"http://IP 地址 :9090/restart"重启选择界面配置生效,效果如图 8-30 所示。

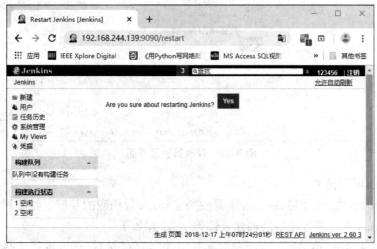

图 8-30　重启选择界面

点击"Yes"按钮,之后会出现刷新等待页面,效果如图 8-31 所示。

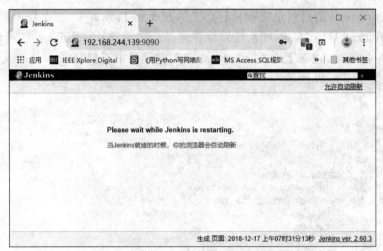

图 8-31 刷新等待页面

耐心等待一段时间即可刷新成功,之后会提示填写账号和密码,只需输入上面添加的管理员账号即可重启 Jenkins 工具。效果如图 8-32 所示。

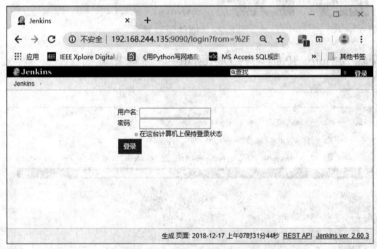

图 8-32 管理员登录界面

3. Jenkins 项目部署

通过上面的步骤,已经将 Jenkins 工具安装完毕,并且相应的基础已经配置好了,下面就可以使用 Jenkins 工具进行项目的创建及部署了,步骤如下。

第一步,返回 Jenkins 主页,点击左侧导航中的"新建"选项,进入项目选择界面,效果如图 8-33 所示。

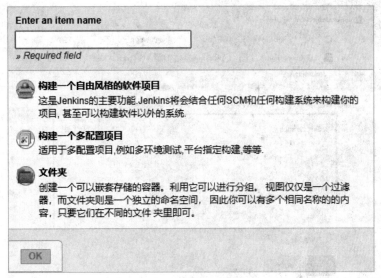

图 8-33 项目选择界面

第二步,在输入框输入一个项目的名称,并选择"构建一个自由风格的软件项目"的选项,点击"OK"按钮,进入项目构建界面,效果如图 8-34 所示。

图 8-34 项目构建界面

第三步,选择"构建"选项,之后在"增加构建步骤"下拉菜单里面选择"Execute shell"选项,在文本框中输入一些打印命令,效果如图 8-35 所示。

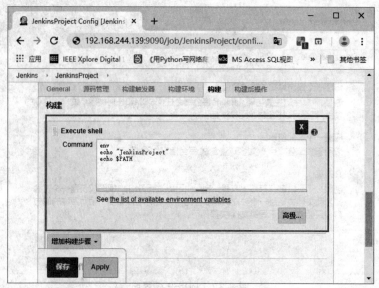

图 8-35 构建区域效果

第四步,点击"保存"按钮进行信息的保存,之后进入 JenkinsProject 项目信息界面,点击左边导航中的"立即构建"选项,即可进行项目的构建,在当前界面会出现构建历史列表和相关连接区域内容,效果如图 8-36 所示。

图 8-36 项目信息界面

第五步,点击"构建历史"区域的构建列表即可查看项目的构建详细情况,效果如图 8-37 所示。

图 8-37 项目的构建详细情况页面

第六步,点击左边导航的"Console Output"选项可以查看项目运行时控制台打印的相关信息。代码执行信息出现,说明项目构建部署成功,效果如图 8-38 所示。

图 8-38 控制台输出界面

第七步,如果对当前构建的项目不满意,可以单击"删除本次生成"选项以删除询问界面,效果如图 8-39 所示。

图 8-39 删除询问界面

第八步，点击"确定"按钮进行当前构建的删除，并返回到项目信息界面。这时如果想要删除当前的项目，点击"删除 Project"选项即可进行项目的删除。

在技能点中已经实现了一个简单项目的构建及部署，而该项目仅用于说明 Jenkins 的使用，真实的项目并不会那么简单。下面将通过以下几个步骤实现 Jenkins 工具 maven 项目的构建部署。

第一步，新建一个名为"MavenProject"的自由风格软件项目，效果如图 8-40 所示。

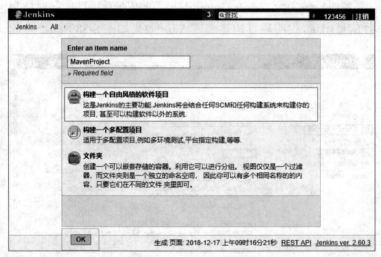

图 8-40　项目选择界面

第二步，在项目构建界面，单击"源码管理"标签并选中"Git"选项即可出现 Git 配置界面，效果如图 8-41 所示。

第三步，填写相应的 Git 配置信息，在 Repository URL 后边的文本框中填写项目地址，单击 Credentials 右侧的"Add"按钮，输入 GitHub 的登录邮箱和登录密码。效果如图 8-42 所示。

第四步，进入"构建"标签项，点击下拉列表框中的"Invoke top-level Maven targets"选项进行 maven 项目的构建，效果如图 8-43 所示。

项目八 Docker 部署之项目发布

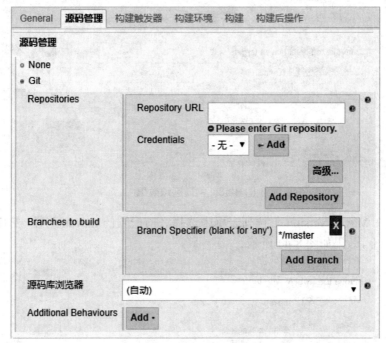

图 8-41 源码管理区域效果

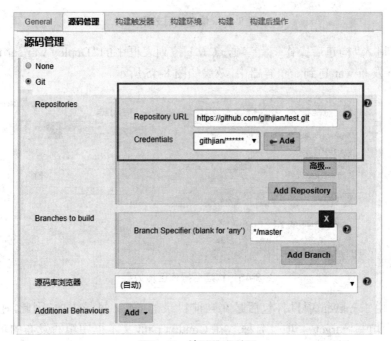

图 8-42 填写信息效果

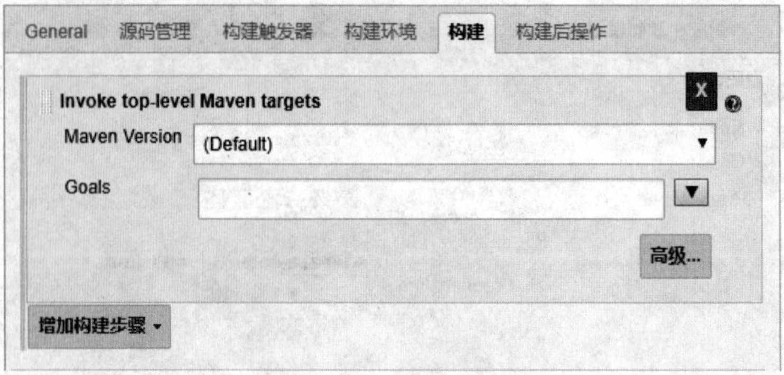

图 8-43　构建区域效果

第五步，在 Maven Version 下拉列表框中选择之前配置的 maven 路径，在 Goals 文本框中填写打包命令，效果如图 8-44 所示。

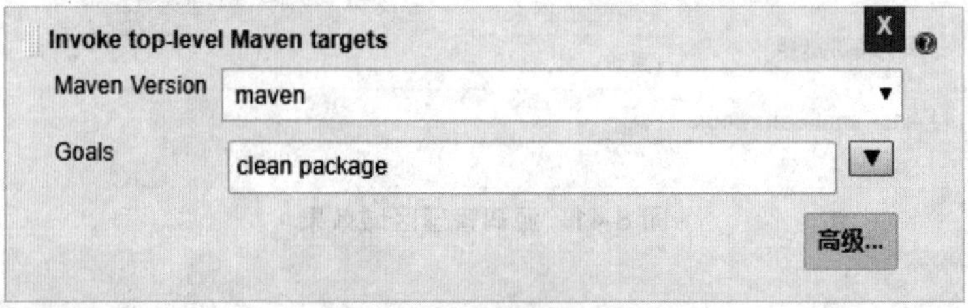

图 8-44　信息填写效果

第六步，进入"构建后操作"标签项，点击下拉列表框中的"Deploy war/ear to a container"选项，选择发布 war 包到一个容器中，效果如图 8-45 所示。

图 8-45　构建后操作区域效果

第七步，由于 maven 项目打包后是在当前目录的 target 目录下的，因此，在 WAR/EAR files 文本框中填写"target/ + 项目名称"，在 Context path 文本框中填写发布的项目名称，之后点击"Add Container"下拉列表框选择 Tomcat 版本后，点击"Add"填入 Tomcat 的账号、密码，并在 Tomcat URL 文本框填入项目访问地址即可，效果如图 8-46 所示。

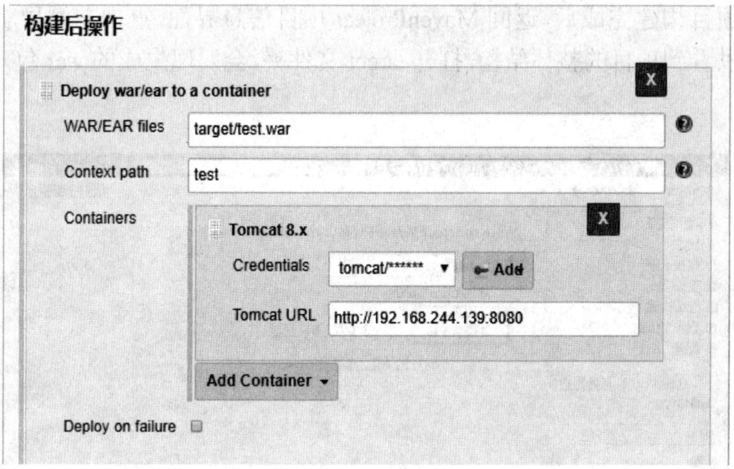

图 8-46　填写信息效果

第八步，点击"保存"按钮后，进入 MavenProject 项目信息界面进行项目的构建，构建完成后，查看项目的构建详细情况，效果如图 8-47 所示。

图 8-47　项目信息界面

第九步，查看项目运行时控制台打印的相关信息，效果如图 8-48 所示。

图 8-48　控制台输出界面

第十步，项目构建完成后，返回 MavenProject 项目信息界面，点击左侧导航栏中的"工作空间"选项可以看到项目的整体结构，打开 target 文件夹，会发现生成的 war 包，效果如图 8-49 所示。

图 8-49　项目信息界面

第十一步，点击 Test.war 包进行下载，之后将下载的包放到系统中 Tomcat 安装目录的 webapps 文件夹下，效果如图 8-50 所示。

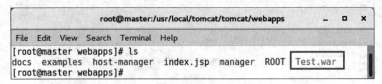

图 8-50　Test.war 拷贝效果

第十二步，复制完成后，重启 Tomcat 即可，效果如图 8-51 所示。

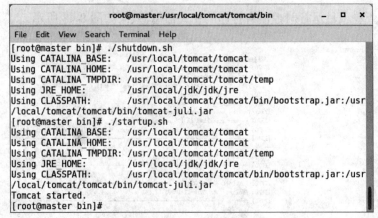

图 8-51　Tomcat 重启

第十三步，Tomcat 重启成功后，在浏览器输入"IP 地址 +tomcat 定义端口 +war 包名称",当出现如图 8-1 所示效果时,说明项目构建并部署成功。

通过 Docker 对项目的部署、发布功能的实现,对 Rancher 管理平台的环境搭建及基本操作有了初步的了解,对 Jenkins 工具的安装配置及使用等相关操作有所了解,并能够通过所学 Jenkins 工具的相关知识实现项目的部署发布。

rancher	农场工人	machine	机械
active	活性	directory	目录
server	服务器	always	总是
control	控制	suggest	建议
plugin	插件	deploy	部署

1. 选择题
(1)Rancher 是一个可用于生产环境中开源的(　　)级容器管理平台。
A. 工业　　　　　　B. 企业　　　　　　C. 毫秒　　　　　　D. 纳米
(2)以下不是 Rancher 管理平台优点的是(　　)
A. 一键部署　　　　B. Docker 编排　　　C. 图形化方式　　　D. 资源固定分配
(3)Jenkins,原名为 Hudson,于(　　)年改为 Jenkins。
A. 2009　　　　　　B. 2010　　　　　　C. 2011　　　　　　D. 2012
(4)Jenkins 是一个持续集成工具,与其他同类型工具相比,优势不包含(　　)。
A. 定时链接　　　　B. 易安装　　　　　C. 易配置　　　　　D. 文件指纹信息
2. 简答题
(1)简述 Rancher 管理平台的不足。
(2)简述 Jenkins 工具的功能。